U0143301

WHAT IS CHEMISTRY

化学是什么

（第2版）

周公度 著

北京大学出版社

PEKING UNIVERSITY PRESS

图书在版编目(CIP)数据

化学是什么/周公度著. —2版. —北京:北京大学出版社,2019.9
(未名·自然科学是什么)
ISBN 978-7-301-30529-4

Ⅰ. ①化⋯ Ⅱ. ①周⋯ Ⅲ. ①化学—普及读物 Ⅳ. ①O6-49

中国版本图书馆 CIP 数据核字(2019)第 096014 号

书　　　名	化学是什么（第 2 版）	
	HUAXUE SHI SHENME（DI-ER BAN）	
著作责任者	周公度　著	
策 划 编 辑	杨书澜	
责 任 编 辑	魏冬峰　郑月娥	
标 准 书 号	ISBN 978-7-301-30529-4	
出 版 发 行	北京大学出版社	
地　　　址	北京市海淀区成府路 205 号　100871	
网　　　址	http://www.pup.cn　　新浪微博:@北京大学出版社	
电 子 邮 箱	zpup@pup.cn	
电　　　话	邮购部 010-62752015　发行部 010-62750672	
	编辑部 010-62750673	
印 　刷 　者	北京中科印刷有限公司	
经 　销 　者	新华书店	
	890 毫米×1240 毫米　A5　10.75 印张　195 千字	
	2011 年 4 月第 1 版	
	2019 年 9 月第 2 版　2023 年 11 月第 4 次印刷	
定　　　价	56.00 元	

序

林建华

　　我们大家都已经习惯了现代技术提供的舒适生活，也很难想象在现代科学和技术出现之前，人们是怎么生活的。实际上，人类享有现代生活方式的时间并不长。上个世纪的大多数时期，通信和交通工具并没有现在那样先进和普及，人们等待很长时间，才能得到家人的信息。那时也没有现在充足的食物和衣物，很多地区的人们都在为生存而痛苦挣扎。我们应当感谢现代技术提供的富庶和便捷的生活，也不能忘记这一切背后的科学，正是人们对自然界不懈的科学探索和知识积累，才奠定了现代技术的基础。

　　人们对自然界的探索源于与生俱来的好奇。自然界是由什么构成的？为什么会有日月星辰？各种生物为什么都会生老病死？这些古老的问题一直激励着人们的想象力和好奇心，也引发了人们对大自然的科学探索。从对自然界零星的认知，到分门别类的系统科学研究，从少数人茶余饭后的个人爱好，到千百万科学大军的专业探索,经过了数百年的努力,我们已经构建了像数学、物理学、化学、生物学、地球科学与天文学等众多学科领域,人们对自然界的认知已有了系统的知识体系,形成了各自的科学思维方法和理论体系。正是基于科学的发现和认知,我们才有可能创造出各种各样的新技术,来改变世界、改善人们的生活品质。

现代科学和技术已经深深地嵌入到人们日常的生活和工作中。当我们用微信与朋友聊天的时候,手机和通信系统正在依照数理的逻辑,发生着众多的物理和化学过程。虽然我们不一定直接看到正在发生的科学过程,但它所带来的便捷和新奇,足以让我们对科学和技术的巨大威力感到震撼。通常我们能够直接感知的是由众多技术汇集而成的产品或工程,如雄心勃勃的登月、舒适快捷的高铁、气势宏伟的港珠澳大桥,当然还有舒适温暖的合成衣物、清洁安静的电动汽车和眼花缭乱的电子产品。这些琳琅满目的基于科学和技术的产品和服务,支撑了现代人的生活,也使人们对未来充满了期待和遐想。

在带来丰富多彩的物质资源的同时,科学和技术也在深刻影响着人们的思维方式。每个现代人都应当掌握一定的科学知识和科学思维方法,否则将很难适应未来的挑战。我们每天都会遇到很多统计数据,有关于国家和地方社会、经济发展状况的,有介绍人们健康保障的,还有很多产品广告、高回报金融产品宣传等。我们应当知道，真正可信赖的数据必须遵循科学的调查和分析方法。比如，任何科学研究方法都有随机和系统误差，缺少了误差分析，数据的可信度将大打折扣。

科学和技术是双刃剑，在给人们带来福音的同时，也会产生很多新的问题和挑战。资源与能源的过度消耗、环境与生态的持续恶化、对健康和医疗保障的过度需求等，这些都是人类将要面对的重大挑战。举一个简单的例子。人工合成的包装袋、农用地膜、一次性餐具、塑料瓶等塑料制品仍然在广泛使用，这些用品的确为人们的生产生活带来了很多便利。但我们可曾想过，这些由聚苯乙烯、聚丙烯、聚氯乙烯等高分子化合物制成的用品要经过上百年，甚至更长时间才能降解。如果我们长期使用并随意丢弃，人类的地球家园将被这些白色污染物所覆盖。这些问题的解决，不仅需要科学家的努力，还要使全社会都行动起来，更多地了解科学和技术，共同为子孙后代留下一个美好的家园。

过去几十年，中国的社会、经济、科学和技术都取得了长足进步，科学也从阳春白雪进入了寻常百姓家。面向未来，科学和技术在人们的生产生活中将发挥着越来越重要的作用。这要求我们的科学家不仅要探索学科前沿，解决人类面临的重大挑战和问题，还要积极传播科学知识，让社会公众更加了解科学，了解科学的分支和思维方式，了解科学的成就和局限，使科学和技术更好地造福人类。北京大学出版社推出的这套"未名·自然科学是什么"丛书，是一批卓有建树的科学家为普及科学所做的努力。这套书按照自然科学主要领域，深入浅出地介绍了相关学科的基本概念、发展历程及其与我们生活的关系。我希望大家都能喜欢这套书，也相信这套丛书将对普及自然科学知识、提高全民科学素养起到重要的推动作用。

前　言

　　《化学是什么》作为"未名·自然科学是什么"丛书中的一本,于 2011 年出版以来,经历 7 年,多次印刷,得到读者的广泛关注和厚爱。北京大学出版社将这套丛书按精装书出版,我借此机会进行修改增补作为第 2 版。本书继承第 1 版的宗旨,将它作为一本科普作品,不要求像教科书那样追求它的学术理论深度和知识的系统完整来阐述,而是以科学为大众的理念,在浩若大海的化学科学知识宝库中,撷取几朵浪花,让它在有限的篇幅中走进大众生活,使读者从化学知识中得益,能更科学、更明白、更健康地生活,能正确地看待周边关系到化学的一些问题,认识化学在社会发展中的重要作用,了解化学在促进人类健康、提高生活质量上的贡献,从而提高对化学知识的兴趣。和书名的直观要求不同,本书对一些问题除了提供参考答案外,更多的是通过现实生活中遇到的背景材料,启迪读者对问题的思考,像一把金钥匙开启化学知识宝库。

　　化学与人类的发展有着非常深厚的渊源。化学和人类的生活产生密切的联系,人们的衣、食、住、行处处都离不开化学。

利用化学的知识和技术,生产化肥和农药,促进农作物的丰收,在 20 世纪人口倍增的情况下,粮食供应充足,化学立了大功。

利用化工冶金炼制钢铁;合理配料,烧制水泥、玻璃和砖瓦,兴建广厦亿万间;以各种美观实用的装饰和现代材料修整出隔热、隔音、防潮和防腐的舒适住房,化学提供了物质基础。

开采石油,炼制品质优良的油品;制作轻质材料用于飞机、车船,让人们快速地在海陆空中通行,其中的动力、设备、仪表,甚至每个螺钉和焊接技术都包含着化学科学的贡献。

新世纪,信息工业是社会经济发展最快速的部门,它改变了人们的生活面貌。手机随身带,随时和远隔千万里的亲朋好友通话。在舒适的家里,通过彩色电视收看国内外的风光和发生的大事等。从电器设备内部的芯片、显示屏到外壳,每个部件所用的材料都是化学和有关科技结合的结晶。

人们穿的衣服,从纺织纤维的制造和处理,到各种色彩鲜艳花布的印染,许多环节化学起了关键作用。

化学和医学结合,研制和使用药物医治疾病,提高了人类的健康水平,延长了人类的寿命。

化学在理论上和技术上正以前所未有的速度向新领域扩展。不同学科间的交叉、渗透不断深入。人们在如何建设可持续发展的和谐社会时,日益关注思考化学的科学原理和知识,探索先进的技术和方法,解决环境、材料、能源、信息和生命科学等热点问题。

然而在社会的发展进程中,人们享受着化学科学发展成果的同时,对化学也有着种种责难、疏远和反对。

上天赐给人类的煤、石油和天然气开采出来,通过燃烧的化学反应,自然资源日益减少,经过若干年资源枯竭,我们的子孙后代,日子怎么过?瓦斯爆炸、油库燃烧、煤气中毒,都是化学品在作祟,怎样远离易燃易爆物品和化学品?

2010 年夏天,北半球天气反常炎热,俄罗斯森林大火损失惨重,巴基斯坦水灾以及我国长江和松花江洪涝灾害,造成巨大的经济损失和人员伤亡。可是南半球天气却冷得出奇。反常天气的出现,有人说主要是太阳黑子频繁活动造成,也有人说是大气中过量的二氧化碳所致。太阳是天上的东西,人们无力去制止,便将更多目光关注到化石能源的氧化燃烧反应,责难中国这个用煤大国产生大量的二氧化碳。

一些化学品的发明和使用,导致环境的污染和人们健康的危害。有些不法分子把苏丹红添加到鸡鸭饲料中做红心蛋,在牛奶中添加三聚氰胺提高奶制品的含氮量。这些信息一曝光,化学品的名声大受损害。远离化学品和化学,亲近"绿色的"和"天然的"成了时尚。

2015 年 8 月 12 日,位于天津港滨海新区的仓库发生化学物品大爆炸,造成大量人员伤亡和巨大的物资损失。这起事故的发生多么令人痛心。究其原因是由于从事相关工作的各级领导干部、技术人员以及具体操作的工人,没有学好化学,缺乏有关化学的基础知识,不理解制定的法规是根据化学科学安全生产必须要遵循的道理,而没有严格地贯彻落实,玩忽职守。普及化学知识多么重要!

对化学科学知识的缺乏,居然导致在电视广告中出现呼喊"我们恨化学"! 2015 年 10 月,我写了一百多字的公开告状信,"状告"CCTV-8 登载"我们恨化学"的广告,在互联网上发表。几天之内公开告状信得到国内外数以百万计的网友们的点赞,国内数十家省市级报刊发表专题评论文章,呼吁重视化学科学,反对将化学妖魔化。中国科协于年终举办"科普中国——点赞:2015 年中国十大科普传播事件",将"我们恨化学"转变为我们要重视化学、热爱化学。化学科学的发展日益得到人们的关注和支持。

化学是什么? 从事化学工作的人需要深入地、正确地理解,还应当带动不从事化学工作的人们对化学有正确的了解,用化学科学观点来看周围世界,增强对化学的认识,促进全面地看待自然规律,提高科学知识的素养。利用化学科学知识,变害为利,变废为宝,促进工农业的发展,建设美丽舒适的环境,提高人们的健康生活水平,这正是化学科学的内容、化学教育的职责,也是作者写作本书的初衷。

作者写作时所选的内容尽可能地取材于新世纪社会和科技发展中涉及的化学问题，提供给大专院校化学和化工专业的师生、中学化学老师、高中生和广大科普爱好者作化学的科普读物和"化学"课的参考教材。

感谢康宁教授为修改本版的内容提供许多宝贵资料和宝贵意见。

感谢方守狮教授的推荐和《自然杂志》沈美芳等编辑，将本书第1版的主要内容，连续发表在该期刊2011年第33卷第5期到2012年第34卷第2期中，推荐给广大读者。

感谢北京大学出版社杨书澜、魏冬峰、郑月娥等编辑的策划和细致的编辑加工。

目 录

第 3 章　化学是社会发展的推动者 / 029

▌第4章▌ **什么的化学和化学的什么** / 071

▌第8章▌　化学是美好生活的创建者 / 221

第 1 章

化学名称的由来和含义

1.1　化学名称的由来

"化学"一词何时出现？是谁首先使用？

从人类文明发展的历史可知，人类从用火开始，就知道自然界中出现的各种化学变化：将柴草点燃，熊熊烈火，烟气腾腾，柴草化为灰烬。将黏土拌水，做成陶瓷坯件，经火烘烤烧制，变为可以盛水的陶瓷器皿。将矿石冶炼，化石成金，得到性质和矿石完全不同的金属。人们在生产和生活的实践中已了解物质能互相作用、发生变化。"化"是变化和改变之意；"化"是造化，即自然界运动变化、造成万物。中国五代时（公元 10 世纪），道家谭峭更著有《化书》，但并无"化学"一词。"化学"是什么时候出现的呢？据史学家考证，中文"化学"一词于 1856 年（清朝咸丰六年）见诸书刊。韦廉臣（英国人，A. Williamson，1829—1890）编写的

《格物探原》一书用了"化学"一词，该书还介绍了西方近代科学中的一些化学知识。另外，1857 年在上海出版的刊物《六合丛谈》发刊号的"小引"，由伟烈亚力（英国人，A. Wylie, 1815—1887）于 1856 年写就，文中写道："今予著《六合丛谈》一书，亦欲通中外之情，载远近之事，尽古今之变。见闻所逮，命笔志之，月各一编，罔拘成例。"又说："比来西人之学此者，精益求精，超前轶古，启明哲未言之奥，辟造化未泄之奇。今略举其纲：一为化学，言物各有质，自有变化，精诚之上，条分缕析，知有六十四元，此物未成之质也。"两个外国人能写出这样的汉文，是由于有中国学者李善兰（1810—1882）等共事，他们在讨论为这门科学取名时，必是想到中国文化所积累的对事物变化的认知。"化"在汉语中指变化和造化，因此把英文 chemistry 按含义译为"化学"，既古雅又恰当。"化学"此词一出，很快为知识界采用。例如，1862 年设立的京师同文馆，就曾讲授近代天文学、数学和化学等科。1867 年上海江南制造局附设译学馆，翻译格致、化学和制造等方面的书籍。

化学一词流传到日本，对日本学术界也产生影响。此前日本文献中翻译一些西方科学著作，名称多从音译。例如，1837 年将《实验化学原理》（*Elements of Experimental Chemistry*）译成《舍密开宗》，在此，"舍密"是 Chemie（德文）的音译。1862 年东京西洋医学所附设"舍密局"，是日本学校设化学实验室之始。1868 年又在大阪设立舍密局，讲授物理和化学。"舍密"虽然和原文发音相近,但意义费解,不如化学更为切意。所以当日本学者从中国著作中看到将 Chemie 或 Chemistry 译为化学时,便逐步舍"舍密"而就"化学"。中日两国文字中都共同使用汉字,但发音并不相同。

在 1856 年,中文"化学"名称出现的时候,距离道尔顿原子学说的建立已超过半个世纪,已知道自然界有 64 种元素,知道由这些元素的原子互相作用化合而成各种化合物。化学从开始就已深入到原子和分子的层次来研究物质的变化规律。

1.2 "化学"的含义

化学的中心含义在"化"字。化指变化、转化、造成万物之造化等。在五彩缤纷的世界中,各种事物都在不停地变化着:日出日落、刮风下雨、人身体长大、树木长高、烧火煮水、麦粒磨成面粉、大米煮成熟饭等。自然科学各个学科分别研究各种变化的规律:天文学研究宇宙各星体运行变化规律,气象学研究各地的阴晴雨雪,生物学研究动植物的生长规律,物理学研究各种物质的物理性质和物理变化,化学研究各种物质的化学性质和化学变化。什么是化学变化? 下面通过一些实例来讨论说明。

例一　水在电炉中通过加热变成水蒸气,这是物理变化;水在电解槽中通电电解,在两个电极上分别放出氢气(H_2)和氧气(O_2),这是化学变化。

例二　将石墨拌和些黏土及其他配料做成铅笔,在纸上写字,石墨粘在纸上,这是物理变化;将石墨放在加催化剂的炉中,加上高压、高温,石墨转变为金刚石,金刚石和石墨的化学成分相同,都是由碳原子组成,但原子间的排列方式和化学键却发生变化,性质也全变了,这是化学变化;将石墨作电极放电,有一部分变成球碳分子,如 C_{60},这也是化学变化。

例三　将葡萄粒榨汁,加些蔗糖,变成一杯饮料,这是物理变化;将这带葡萄皮的加糖葡萄汁,密封在瓶中,过半个月,经过发酵,变成葡萄酒,这是化学变化。

例四　分别将氯化钠、三氧化硫、氯化氢、蔗糖和乙醇等加入水中,变成盐水、硫酸、盐酸、糖水和酒精。通常前三者是化学变化,后两者有不同看法。因为 NaCl 在水中解离为 Na^+ 和 Cl^-,并和 H_2O 结合成水合离子;SO_3 和水作用生成硫酸(H_2SO_4),并解离成 H^+(H_3O^+)和 SO_4^{2-};HCl 和水作用生成盐酸,并解离成 H_3O^+ 和 Cl^-。对于蔗糖和乙醇溶于水变成糖水和酒精(或酒水)的过程,有人认为它们是物理变化,因为在溶解过程中这两种分子内原子的连接方式和化学键都没有变化,当溶液通过蒸发将水除去,依然得到蔗糖和乙醇两种物质;有人认为这两种物质在溶解时,改变了分子间的氢键等作用力,在溶液中又和水分子有水合作用,应当是化学变化。实际上物质的溶解度、溶解热、溶液的性质和溶液的浓度等基本上是化学家在进行研究。至于气体的混合过程则是物理变化。

人们进行劳动操作,没有大量地引起原子间化学键变化者都属于物理变化。例如将木头锯断、将弯曲的弹簧拉直、将铁丝锉成粉末等都不是化学变化,而是物理变化。

化学变化又称化学反应或化学作用。由上面几个实例可见,化学变化是物质中原子间的排列方式和化学键发生改变的变化。将铁丝锉成粉末,粉末的粒径虽然小到 0.1 毫米,但是这个尺度相对于钢铁中原子间的距离仍然大上数万倍,在一小粒铁粉中,铁原子数仍超过万亿个,这些原子的排列方式和化学键依然和铁丝中的情况一样,它们的性质也相同。

化学变化的内容非常丰富多样。例如在同一个煤炉中烧煤,炉门开大一点,进到炉中的空气多一点,燃烧生成的气体中主要是二氧化碳,一氧化碳很少;若将炉门关小,进到炉中的空气少,燃烧生成的气体中一氧化碳含量会大增。冬天用煤炉烧煤取暖,一些人因煤气中毒丧命,就是由于供给燃煤的氧气太少,产生大量一氧化碳所致。

在石油化工中,用同一种原料,改变反应器中供给其他辅料的成分,改变反应器中的催化剂、温度和压力等条件,可生产出多种不同的产品。例如用乙烯为原料,可得聚乙烯、环氧乙烯、氯乙醇、乙醇、乙酸、聚乙烯醇、聚氯乙烯等上千种产品。

化学反应的速度因不同的成分和条件而异,差别极大。将米煮成饭,即将淀粉和水作用生成糊精和葡萄糖,常压下要 20 分钟;而在高压锅中,只要 5 分钟。用天然气点火燃烧加热,若不谨慎小心,阀门没有关严,天然气漏到关闭门窗的厨房中,当达到一定的浓度,一个火星就会引发大爆炸,伤及房屋和人员。

从上面介绍的几个例子可见,化学是深入到物质内部原子和分子层次了解物质变化规律的科学。化学反应和化学知识关系到人们的衣食住行和日常生活的方方面面。

第 2 章

化学是研究原子和分子的科学

2.1　化学的研究对象

在物质世界中，物质的存在形式多种多样，单从其大小尺寸看，大到组成宇宙的星系、星球、黑洞、流星，地球上的大海、高山，中到各种动植物、日用器皿和物品，小到分子、原子、中微子和光子等。物理学的研究对象包括上述大大小小的各种物质，利用光学、力学、电学、热学、磁学等各种方法探索它们的运动规律、演变情况以及相互作用和物理性质。化学和物理学不同，主要是深入到分子和原子水平，研究自然界和人们日常生活中遇到的各种物品、材料和器具是由哪些化学物质组成，即其中包含哪些元素和化合物，怎样制备得到，它们具有什么样的化学结构和性质，它们和其他物品会发生什么样的作用，等等。

化学涉及人们的衣食住行、工农业生产以及生活环境的改造和治理等各个方面。在人类多姿多彩的生活中，化学无处不在。化学不仅是化学工作者应具备的专业知识，也是向广大人民群众普及科学知识的重要内容。化学起源于人类生活实践，随着火的利用，制陶、冶炼、酿酒、造纸和制药等的发展，化学得以产生和发展。现代化学的成就集中表现在已合成和分离了4000 多万种化合物，并将此成果广泛地应用到粮食、能源、交通、材料、医药、防卫以及环境保护等各个方面。为创建高度文明的社会、为经济的可持续发展，化学提供了持久不衰的发展动力。

随着社会的发展，化学涵盖的内容逐渐广泛而丰富，现今它主要是从以下三方面研究物质的科学：一是利用各种分析方法测定物质由哪些原子以什么样的比例组成，原子间以什么样的作用力结合在一起，原子在空间相互排布的情况；二是研究用什么样的方法通过化学合成手段控制化学反应的全过程，制造出各种组成和结构的化合物和材料；三是探究各种化学物品的组成、结构和性质，以及在应用过程中发生的变化，提高它的应用价值，创造新的更优良的产品。因此，化学出现许多分支。例如，无机化学、有机化学、分析化学、物理化学、高分子化学和生物化学等早已形成，稍后出现的材料化学、能源化学、环境化学、药物化学、食品化学等内容也已十分丰富。许多学科相互交叉渗透、融合在一起，难解难分，如物理化学和化学物理、生物化学和化学生物学。又如,化学工业是生产化学产品的工业,它根据社会的需求和实际存在的资源和原料等情况,研究化学生产过程的规律,寻求技术先进和经济合理的原理、方法、流程、单元操作和设备,生产出质优价廉的产品。由于每一环节都和化学息息相关,可把化学工业研究看作工业化学研究,视为化学的分支学科。有时化学按物质存在的状态来划分,如胶体化学、纳米化学和表面化学等;有时按研究对象的组成来划分,如硅酸盐化学、维生素化学、石油化学、煤化学等。化学不断地深入到原子和分子水平来认识自然和改造自然。

联合国定 2011 年为"国际化学年",主题是"我们的生活,我们的未来",标示出化学的研究领域不仅和我们现在的生活密切相关,还和未来我们子孙后代生活的世界相关联。

2.2　原子和元素

2.2.1　原子、元素和同位素

原子是由一个原子核和若干个核外电子组成的微粒,是进行化学变化的最小单元。原子核中包含带正电荷的质子和不带电荷的中子。质子的数目决定原子的种类,它在核中带正电荷,需要相同数量的核外电子共同组成中性的原子。在化学中,元素是化学元素的简称,是具有相同核电荷数即质子数相同的原子的总称。原子核中的质子数决定原子属于哪一种元素或原子序数。质子数相同而中子数不同的原子互称为同位素。例如，氢原子的原子核中只有 1 个质子，原子序数为 1。已知在不同的氢原子的原子核中，中子数为 0 个、1 个和 2 个三种，分别形成氢元素的 3 种同位素，它们的名称和性能列于表 2.2.1 中。

表 2.2.1　元素氢的同位素

名称和记号	天然丰度/（%）	半衰期/年	原子质量/u
氕，^{1}H，H	99.9885	稳定	1.0078250321
氘，^{2}H，D	0.0115	稳定	2.0141017780
氚，^{3}H，T	痕量	12.262	3.0160492675

表中氕音撇，同位素记号为 ^{1}H 或 H，它的原子核由 1 个质子组成，没有中子，它稳定地存在于自然界，是氢元素的主要成分，通常用元素记号 H（来自英文名称 hydrogen）表示。由于 ^{1}H 核中没有中子，当 ^{1}H 丢失核外的 1 个电子，剩余原子核即为质子，所以质子的记号常用 H$^+$ 表示。

氘音刀，同位素记号为 ^{2}H 或 D（来自英文名称 deuterium），它的原子核由 1 个质子和 1 个中子组成，它也稳定地存在于自然界。

氚音川，同位素记号为 ^{3}H 或 T（来自英文名称 tritium），它的原子核由 1 个质子和 2 个中子组成，它不稳定，会自发地进行衰变。自然界中氚的含量极少，计算氢元素的原子质量时可以忽略不计。

氢元素的原子质量按氢的同位素的丰度和质量计算所得的平均值表示,按表 2.2.1 的数值可得氢元素的平均质量(m_H),以原子质量单位 u 表示,其数值为:

$$m_H \approx (0.999885 \times 1.007825 + 0.000115 \times 2.014102)u$$

$$\approx (1.007709 + 0.000232)u$$

$$= 1.007941u$$

氢的同位素氘和氚是制造氢弹的主要原料,氢弹是利用原子弹爆炸产生的极高温度使氘和氚的原子核发生核聚变反应,释放出巨大能量的核武器。

除氢元素外,其他元素的各种同位素的性质和应用,需要查阅一些专著,了解它们的存在情况。例如铀(U)有 26 种同位素,其中^{235}U 最为人们关注,它是制造原子弹的主要原料。^{14}C 是碳的放射性同位素,半衰期为 5730 年,可根据生物体中^{14}C 的残留量测得该生物体死去的时期或化石形成的年代。

当原子丢失一个核外电子形成带电的原子,它的化学名称为离子。丢失电子带正电荷的称为正离子,例如 H^+、Na^+、Ca^{2+} 等。吸收电子带负电荷的称为负离子,如 Cl^-、O^{2-}、S^{2-} 等。带电的多原子基团形成多原子离子,如 NH_4^+、SO_4^{2-}、NO_3^- 等。

2.2.2　原子量

原子量是元素的相对原子质量的简称，是表示该元素的各种同位素的平均质量的物理量。由于原子很小、质量很轻，在实际应用时不可能一个一个地数原子的个数，求每个原子的质量，而采用"原子量"来表达参加化学反应物质的各种元素的原子数量和质量。

每种元素的原子量的数值是由该元素天然存在的同位素的平均丰度和每种同位素的质量加权计算出平均原子质量后，再将它和 ^{12}C 原子质量的 1/12 相比所得的比值。可见，原子量是一个没有单位，而和原子质量相关的数量。

原子量的测定始于 200 多年前，由化学家和物理学家提出原子和分子学说，精密地测定许多气体的单位体积中的质量而发展起来，后来用质谱等方法测定各种微观粒子的质量。现在原子、分子、质子、中子、电子等微观粒子的质量都已有精确的数值。

单个原子的质量用原子质量单位（u）表示（过去用 amu），它为碳的同位素 ^{12}C 单个原子质量的 1/12，即

$$1u = \frac{1}{12}m(^{12}C) = 1.6605402 \times 10^{-24}\ g$$

　　当用"物质的量"来计算化学物质的质量时,规定用摩尔(mol)作数量单位;表示物质的质量时,规定用克(g)作质量单位。摩尔数乘以原子量,即得化学物质以克为单位的质量。摩尔是用阿伏加德罗常数(N_A)的倍数表示的粒子数,它的数值非常大:

$$N_A = 6.0221367 \times 10^{23} \text{ mol}^{-1}$$

例如,元素氢的原子量为 1.00794,得 1 mol 氢原子的平均质量(m_H)为:

$$m_H = N_A \cdot u \cdot 1.00794 \cdot 1\text{mol}$$
$$= 1.00794 \text{ g}$$

2.3　元素周期表

2.3.1　元素周期表的建立和发展

　　早在 19 世纪,化学家和物理学家探索以原子量的大小顺序对元素进行排列,认识到元素的性质存在周期性,并以周期性为纲,制作出形式多样的元素周期表。此后,随着新元素的发现,原子结构认识不断深入和测定原子量准确度的提高,元素周期表不断完善。

　　2016 年,国际纯粹与应用化学联合会(IUPAC)公布了原子序数为 113、115、117 和 118 等元素的名称和性质。2017 年 5 月,

表2.3.1　元素周期表

族＼周期	1	2	3	4	5	6	7	
1 (1A)	1 氢 H 1.008 $1s^1$	3 锂 Li 6.94 $2s^1$	11 钠 Na 22.990 $3s^1$	19 钾 K 39.098 $4s^1$	37 铷 Rb 85.468 $5s^1$	55 铯 Cs 132.91 $6s^1$	87 钫 Fr* [223] $7s^1$	s区
2 (2A)		4 铍 Be 9.0122 $2s^2$	12 镁 Mg 24.305 $3s^2$	20 钙 Ca 40.078 $4s^2$	38 锶 Sr 87.62 $5s^2$	56 钡 Ba 137.33 $6s^2$	88 镭 Ra* [226] $7s^2$	
3 (3B)				21 钪 Sc 44.966 $3d^14s^2$	39 钇 Y 88.906 $4d^15s^2$	57~71 La~Lu	89~103 Ac~Lr	
4 (4B)				22 钛 Ti 47.867 $3d^24s^2$	40 锆 Zr 91.224 $4d^25s^2$	72 铪 Hf 178.49 $5d^26s^2$	104 铲 Rf* [267] $6d^27s^2$	
5 (5B)				23 钒 V 50.942 $3d^34s^2$	41 铌 Nb 92.906 $4d^45s^1$	73 钽 Ta 180.95 $5d^36s^2$	105 𬭊 Db* [268] $6d^37s^2$	
6 (6B)				24 铬 Cr 51.996 $3d^54s^1$	42 钼 Mo 95.95 $4d^55s^1$	74 钨 W 183.84 $5d^46s^2$	106 𬭳 Sg* [271] $6d^47s^2$	d区
7 (7B)				25 锰 Mn 54.938 $3d^54s^2$	43 锝 Tc* [98] $4d^55s^2$	75 铼 Re 186.21 $5d^56s^2$	107 𬭛 Bh* [270] $6d^57s^2$	
8 (8B)				26 铁 Fe 55.845 $3d^64s^2$	44 钌 Ru 101.07 $4d^75s^1$	76 锇 Os 190.23 $5d^66s^2$	108 𬭶 Hs* [277] $6d^67s^2$	
9 (8B)				27 钴 Co 58.933 $3d^74s^2$	45 铑 Rh 102.91 $4d^85s^1$	77 铱 Ir 192.22 $5d^76s^2$	109 鿏 Mt* [276] $6d^77s^2$	
10 (8B)				28 镍 Ni 58.693 $3d^84s^2$	46 钯 Pd 106.42 $4d^{10}$	78 铂 Pt 195.08 $5d^96s^1$	110 𫟼 Ds* [281] $6d^87s^2$	
11 (1B)				29 铜 Cu 63.546 $3d^{10}4s^1$	47 银 Ag 107.87 $4d^{10}5s^1$	79 金 Au 196.97 $5d^{10}6s^1$	111 𬬻 Rg* [282] $6d^{10}7s^1$	ds区
12 (2B)				30 锌 Zn 65.38 $3d^{10}4s^2$	48 镉 Cd 112.41 $4d^{10}5s^2$	80 汞 Hg 200.59 $5d^{10}6s^2$	112 鿔 Cn* [285] $6d^{10}7s^2$	
13 (3A)		5 硼 B 10.81 $2s^22p^1$	13 铝 Al 26.982 $3s^23p^1$	31 镓 Ga 69.723 $4s^24p^1$	49 铟 In 114.82 $5s^25p^1$	81 铊 Tl 204.38 $6s^26p^1$	113 鿭 Nh* [285] $7s^27p^1$	
14 (4A)		6 碳 C 12.011 $2s^22p^2$	14 硅 Si 28.085 $3s^23p^2$	32 锗 Ge 72.630 $4s^24p^2$	50 锡 Sn 118.71 $5s^25p^2$	82 铅 Pb 207.2 $6s^26p^2$	114 𫓧 Fl* [289] $7s^27p^2$	
15 (5A)		7 氮 N 14.007 $2s^22p^3$	15 磷 P 30.974 $3s^23p^3$	33 砷 As 74.922 $4s^24p^3$	51 锑 Sb 121.76 $5s^25p^3$	83 铋 Bi 208.98 $6s^26p^3$	115 镆 Mc* [289] $7s^27p^3$	p区
16 (6A)		8 氧 O 15.999 $2s^22p^4$	16 硫 S 32.06 $3s^23p^4$	34 硒 Se 78.971 $4s^24p^4$	52 碲 Te 127.60 $5s^25p^4$	84 钋 Po* [209] $6s^26p^4$	116 𫟷 Lv* [293] $7s^27p^4$	
17 (7A)		9 氟 F 18.998 $2s^22p^5$	17 氯 Cl 35.45 $3s^23p^5$	35 溴 Br 79.904 $4s^24p^5$	53 碘 I 126.90 $5s^25p^5$	85 砹 At* [210] $6s^26p^5$	117 鿬 Ts* [294] $7s^27p^5$	
18 (8A)	2 氦 He 4.0026 $1s^2$	10 氖 Ne 20.180 $2s^22p^6$	18 氩 Ar 39.95 $3s^23p^6$	36 氪 Kr 83.80 $4s^24p^6$	54 氙 Xe 131.3 $5s^25p^6$	86 氡 Rn* [222] $6s^26p^6$	118 鿫 Og* [294] $7s^27p^6$	

图例说明：
原子序数｜元素名称｜元素符号｜(*表示人造元素)
19 钾 K
39.098
$4s^1$
常规原子量(2016)｜[同位素的质量数]｜(半衰期最长的)｜价电子组态

f区（57~71 镧系／89~103 锕系）

57~71 镧系	89~103 锕系
57 镧 La 138.91 $5d^16s^2$	89 锕 Ac* [227] $6d^17s^2$
58 铈 Ce 140.12 $4f^15d^16s^2$	90 钍 Th* 232.04 $6d^27s^2$
59 镨 Pr 140.91 $4f^36s^2$	91 镤 Pa* 231.04 $5f^26d^17s^2$
60 钕 Nd 144.24 $4f^46s^2$	92 铀 U* 238.03 $5f^36d^17s^2$
61 钷 Pm* [145] $4f^56s^2$	93 镎 Np* [237] $5f^46d^17s^2$
62 钐 Sm 150.36 $4f^66s^2$	94 钚 Pu* [244] $5f^67s^2$
63 铕 Eu 151.96 $4f^76s^2$	95 镅 Am* [243] $5f^77s^2$
64 钆 Gd 157.25 $4f^75d^16s^2$	96 锔 Cm* [247] $5f^76d^17s^2$
65 铽 Tb 158.93 $4f^96s^2$	97 锫 Bk* [247] $5f^97s^2$
66 镝 Dy 162.50 $4f^{10}6s^2$	98 锎 Cf* [251] $5f^{10}7s^2$
67 钬 Ho 164.93 $4f^{11}6s^2$	99 锿 Es* [252] $5f^{11}7s^2$
68 铒 Er 167.26 $4f^{12}6s^2$	100 镄 Fm* [257] $5f^{12}7s^2$
69 铥 Tm 168.93 $4f^{13}6s^2$	101 钔 Md* [258] $5f^{13}7s^2$
70 镱 Yb 173.05 $4f^{14}6s^2$	102 锘 No* [259] $5f^{14}7s^2$
71 镥 Lu 175.07 $4f^{14}5d^16s^2$	103 铹 Lr* [262] $5f^{14}6d^17s^2$

这 4 种元素的中文名称也正式公布。元素周期表的 7 个周期、18 个族,包含的 118 种元素的周期表,完整地呈现。表 2.3.1 示出一种竖排的元素周期表。

化学元素周期表以表格的形式标示出每种元素的名称、原子序数、元素符号、原子量,表达出这种元素在表中所处的周期、族次和区域,根据元素的周期性了解该元素应具有的特性,了解它和相邻元素的相似性和递变性,从中得到有关元素间的相互联系,从而得到有关元素的结构和性质的信息。

元素周期表已成为化学科学的一项重要内容和重要工具,用以启迪现代化学各个分支学科的发展。

2.3.2　周期表中周期的划分

原子由原子核和若干个核外电子组成。核外电子绕原子核运动,它的分布情况和能级高低不同,根据实验测定和理论推导的结果,原子轨道能级高低次序为:

1s;2s,2p;3s,3p;4s,3d,4p;5s,4d,5p;6s,4f,5d,6p;7s,5f,6d,7p。

将它绘制成图形,如图 2.3.1 所示:每个能级组以 ns 开始,7 个周期的情况列于表 2.3.2 中。

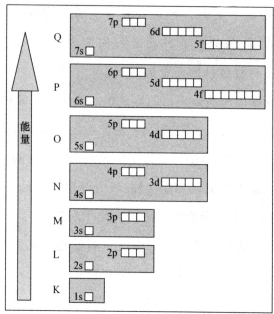

图 2.3.1 原子轨道按能级高低分成 7 个能级组(即 7 个周期)的情况

表 2.3.2 周期和能级组

周期	能级组	各个能级组中的原子轨道	原子序数	容纳元素数目
1	K	K:1s	1~2	2
2	KL	L:2s2p	3~10	8
3	KLM	M:3s3p	11~18	8
4	KLMN	N:4s3d4p	19~36	18
5	KLMNO	O:5s4d5p	37~54	18
6	KLMNOP	P:6s4f5d6p	55~86	32
7	KLMNOPQ	Q:7s5f6d7p	87~118	32

2.3.3　元素的分族和分区

元素周期表共分 7 个周期,18 个族。族的记号有两种:一是用 1~18 的阿拉伯数字标明,将元素分成 18 族的记号,它是 IUPAC 推荐使用的族次记号;二是按主族或副族进行分族,用阿拉伯数字加英文字母 A 和 B 标出,1A~8A 为主族元素,1B~8B 为副族元素,8B 族对应着 IUPAC 分族法用阿拉伯数字标明的 8、9、10 三个族。每族元素的外层能级的电子组态相似,因此它们的化学性质也相似。

对元素的分族和分类还有一些通用名称,例如:

碱金属元素　指第 1 族或 1A 族元素,包括锂、钠、钾、铷、铯、钫。

碱土金属元素　指第 2 族或 2A 族元素,包括铍、镁、钙、锶、钡、镭。

镧系元素　指第 3 族或 3B 族中第 6 周期原子序数为 57~71 的 15 种元素,它们是:镧、铈、镨、钕、钷、钐、铕、钆、铽、镝、钬、铒、铥、镱、镥,有时用 Ln 记号代表镧系元素。

铂族金属元素　指 8B 族(或第 8、9、10 族)第 5、6 两个周期的 6 种元素:钌、铑、钯、锇、铱、铂。

货币金属元素　指第 11 族即 1B 族中第 4、5、6 周期的 3 种元素:铜、银、金。(不包括同一族第 7 周期的铙,因它是人工合成的元素,起不了货币作用。)

卤族元素 简称卤素,指第17族即7A族元素的总称,包括氟、氯、溴、碘、砹。

稀有气体元素(又称惰性气体元素) 指第18族或8A族元素:氦、氖、氩、氪、氙、氡。

稀土金属元素 简称稀土元素或稀土。它是包括钪、钇和镧系元素共17种元素的总称,有时用RE记号代表稀土金属元素。

2.4 分子和化合物

2.4.1 分子和化合物的含义

分子是物质中独立地、相对稳定地存在并保持其组成和特性的最小微粒,是参加化学反应的基本单元。分子由一个或几个原子通过化学键结合而成。

按照参与组成的原子的种类和数目,分子可分为单原子分子和多原子分子,前者只有He、Ne、Ar、Kr、Xe等几种,通常讨论化学问题时所指的分子不包括它们。多原子分子中,原子数目为2个或2个以上,其中少数分子由一种原子组成,如H_2、O_2、O_3、N_2、P_4、S_2、S_6、S_8、S_{20}、C_{60}、C_{70}等,由这类分子组成的材料,通称单质,意指一种成分的物质。绝大多数分子是由两种或多种元素组成,即多种元素的原子通过化学键结合而成,这种分子通称化合物,如 H_2O、CO、CO_2、$NaCl$、C_2H_5OH 等。所以化合物的名称是指两种或两种以上元素的原子通过化学键组成的纯净物质。

化合物有恒定的组成、性质和分子量。分子量是指组成分子的原子的原子量的加和,例如 CO_2 的分子量为:

$$12.01 + 2 \times 16.00 = 44.01$$

虽然常见的元素种类仅数十种,数目极为有限,但化学发展到现在已分离和合成了 4000 多万种化合物。研究化合物的合成、性质和应用,已成为关系到自然科学和社会发展的主要基础。

由离子键和金属键两类强化学键将原子(或离子)结合形成的晶体或物相,由于它们常以固态晶体出现,不使用分子这个名称,直接以它的成分和它的物相名称表示。例如,氯化钠($NaCl$,食盐)、碳酸钠(Na_2CO_3,纯碱)等。

2.4.2　高分子

高分子化合物又称聚合物、高聚物、大分子化合物,简称高分子。它是分子量在 $10^4 \sim 10^6$ 甚至更高的一类化合物,由许多相同的(或不同的)单体(或称结构单元)以共价键重复连接而成。因化学结构单元组成是否相同分为均聚高分子(结构单元完全相同)和共聚高分子。前者如聚氯乙烯、聚苯乙烯等,后者如 ABS(丙烯腈-丁二烯-苯乙烯共聚物)、丁腈橡胶、丁苯橡胶等。从来源又分为天然高分子(纤维素、蛋白质、核酸等)和合成高分子(聚乙烯、聚丙烯、聚酯等)。按分子结构单元之间的连接方式又可分为:线型高分子(即结构单元沿长的骨架线性延伸连接而成),如聚乙烯、聚酰胺等;支化高分子(即线型高分子主链中派生出一些支链,其组成的结构单元与主链相同);交联型高分子(即分子主链之间产生化学结合,形成不溶的网状结构)。按性能用途分为:塑料(聚乙烯、聚氯乙烯、ABS、酚醛塑料等)、橡胶(顺丁、丁苯、氯丁橡胶等)、纤维(涤纶、锦纶、腈纶、维纶等)等类。组成与结构不同的高分子其形态有液态和固态,它多为无定形态,也有部分结晶态。其溶液的黏度,比相同浓度下的小分子的黏度高得多。其物理性能随结构不同而异,它可具有刚性、柔顺性、弹性、电绝缘性、力学强度、耐热、耐寒、耐光照、耐水等各种性能,其加工性能也各不相同,用途各异且极为广泛。

高分子化学是研究高分子化合物的分离、提取、结构、性能、合成方法、反应机理及溶液性质与成型加工等的一门科学,是在有机化学、物理化学、无机化学、生物化学、物理学和力学等学科基础上发展起来的一门新兴科学。自 20 世纪 30 年代以来,随着高分子科学体系的逐步建立与发展,已为人类的生产与生活提供了一类新材料,发展起塑料、橡胶、合成纤维、涂料、胶黏剂等合成材料工业。现在高分子合成材料已涉及国家经济建设和人类生活的各种领域。在此基础上发展起来的高分子化工,已成为不断发展的新兴工业部门。

2.4.3　超分子

超分子是由两种或两种以上的分子通过分子间的作用力结合而成,是一类具有特定的微观结构和宏观特征的聚集体。超分子内分子间的作用力包括氢键作用力、静电作用力、配位键作用力、电荷转移作用力和疏水性作用力等。通过这些作用力,将一类分子组成具有特定排列的管状通道、蜂窝状空穴、杯状容器或空心体结构的聚集体,适合另一类分子进入通道、空穴、容器或空心体结构的内部,稳定地结合形成超分子。前一类分子称为主体或受体,后一类分子称为客体或底物。

手指不慎擦破后涂抹一点碘酒消毒,避免发炎。当这擦过碘酒的手指皮肤碰到含淀粉的液体时,皮肤立即变成蓝黑色。这一现象的出现是一种超分子反应,即淀粉形成具有管状通道的环糊精,碘分子进入通道中,形成长链状结构的蓝黑色分子所出现的颜色。

水冷却到 0℃ 以下,分子间通过氢键结晶成冰,冰中有很多笼状空隙使冰比水轻,冰总是浮在水面上。当水中含有甲烷(CH_4)时,水和甲烷可生成可燃冰晶体,甲烷填充在冰的笼状空隙中。海洋底部冒出的天然气,主要成分是甲烷,它和海水结成可燃冰蕴藏在海底。2017 年,我国宣布成功地掌握从海底开发可燃冰能源的技术。

2.5　太阳和地球中的原子和分子

元素周期表列出的 118 种元素中,氦是第一种在地球之外的宇宙中发现的元素。1868 年,法国的詹森在日全食时观察到的太阳周边炽热气体的光谱中,除 Na 原子的 D_1 和 D_2 谱线外,还有一条 D_3 线,波长为 587.56 纳米(nm, 10^{-9} 米)。1895 年,拉姆齐对沥青铀矿分出物气体进行光谱检验,证明和詹森发现的太阳光谱数据相同,取名为氦,表示它是太阳元素。

通过光谱检测方法得知,太阳表面主要由氢、氦、铁等元素组成。

天上降落在地球的陨石,经过大气层和氧气作用氧化燃烧,表面大多由氧化铁、硅酸盐组成,内部含铁较多。

划过天空的彗星,主要是大冰块,飞过地球表面层,会蒸发发光后湮灭。

登月的人,从月球表面带回土壤样品,经化学分析,其成分和地球相似。人们通过远距离的化学分析方法,测得月球上富含 ^{3}He 原子,经过估算它的蕴藏量达 100 万吨级。由于 ^{3}He 被认为是"完美的能源",由它和 ^{2}H 进行核聚变,产生的能量大,效率高,几乎没有放射性副产品,无污染。而 ^{3}He 在地球上存量很少,大部分来自生产核武器的副产品。有人估计每吨 ^{3}He 价值超过 40 亿美元。登月开发月球,从月球上带回 ^{3}He 可能也是将来登月的一项设想工作。

地球化学家利用物理方法测定化学元素在地球中的分布,得到下面所列元素所占质量分数的数据:

(1) 地核。指从地心作一半径为 3440 千米的内核球体,这层是密度很高的熔体,密度为 10～15 g·cm^{-3}。这层主要由化学元素铁和镍组成,据估算铁占 88%,镍占 8.5%,这两种元素已达 96.5%,其他还有钴、钛等金属元素。

(2) 地幔。指由地核的外壳(离地心 3440 千米)到地壳的内层表面,厚度为 2880 千米区间的一层。地幔物质的密度为 4～6 g·cm^{-3}。组成它的主要元素如下:

O　43.7%,　　Si　21.6%,　　Mg　16.6%

Fe　13.3%,　　Ca　2.1%,　　Al　1.8%

(3) 地壳。将地球近似地看作球体,地壳指地幔以外厚度为 69 千米的固体和水层,平均密度为 2.8 g·cm^{-3},加上质量占比很小、厚度为 3 千米的大气层,总计厚度达 72 千米。这层的组成元素较多,丰度在 1% 以上的元素有:

O 49.5%， Si 25.7%， Al 7.5%， Fe 4.7%

Ca 3.4%， Mg 2.8%， Na 2.6%， K 2.4%

氢元素和氧元素结合成水,形成地表的汪洋大海,使人类等生物体得以生存繁衍。氢是地壳中最重要的元素,但氢元素的丰度以质量分数计,只有 0.87%,低于 1%。

第 3 章

化学是社会发展的推动者

3.1　用火的化学活动产生了人

在人类进化过程中,有了用火的实践活动,才使他们得以从猿猴等灵长类动物中脱颖而出,进化为人。

人们最初从雷电山火和火山爆发的熔岩中取得火种,让柴草燃烧。用今天的化学语言来讲,就是使柴草在高温下和氧气进行激烈的氧化反应,放出化学能,得到燃烧热。

燃烧柴草所得的热量,可用来取暖御寒,帮助度过寒冷的天气,延续地生长。

用火烧烤食品,使食物发生了化学反应,得到可口的烧烤食品,改变茹毛饮血的生活。熟化过程提高了食物营养,使人的体质增强、智慧增长。烧烤食品可以消灭病菌,减少疾病发生,这对人类的健康成长、繁衍后代起到了决定性的作用。

火可以用来抵御猛兽和虫蛇等的侵害，成为人类保护自己的重要武器，使人类安全成长。

人们在火堆周围取暖烧烤、相互帮助、相互交流，形成群居生活。柴草燃烧的化学反应产生的火促进了人类社会的形成。

由上可见，用火的化学活动使人从灵长类动物进化成人，并形成人类社会。

史书上记载的燧人氏钻木取火，是指猿变成人以后，人们进行钻木加工，摩擦生热起火，逐渐掌握用火炼制金属，制造金属工具，这是人类祖先发现燃烧这种化学反应的一种实际应用。

3.2　早期的化学活动和社会的发展

人类社会形成后，过着较稳定的定居生活，在发展生产和改善生活的各项活动中，化学活动在其中都起了重大作用。本节仅以制陶、冶金、炼丹、火药等几个方面为例，说明从上古到 17 世纪的漫长历史年代中化学活动的概况，以及这期间人们对物质世界认识的一些观点。

3.2.1　烧制陶瓷

人类在用火过程中，发现泥土被火烧后变得坚硬。将黏土用水调和，含水的泥块揉捏成型，经过烧制，发生一系列变化形成陶瓷。图 3.2.1 示出我国古人制作的陶器。

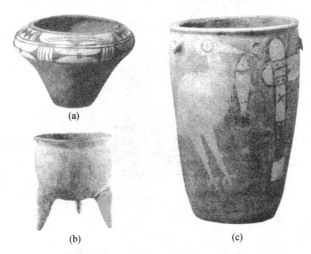

图 3.2.1　我国古人制作的陶器
(a) 陶钵；(b) 陶鼎；(c) 陶缸

图 3.2.2 示出收藏在国家历史博物馆的 6000 年前新石器时代的文物陶鹰鼎。该鼎高 35.8 厘米，口径 23.3 厘米，1958 年出土于陕西华县。从鼎的造型及其所表达的含义，反映我国当时社会科学技术的发展和思想文化水平。

陶器的发明，对人类社会的发展起了很大作用：

第一，陶器可以用作煮食、烹饪的器皿。人们除简单地用火烧烤食物外，还可以煮食，使谷物等淀粉类食品水解为容易消化的饮食，丰富了食物的品种，增加了食物的营养成分，为提高人的体质和智能提供物质基础，也为农耕栽种、发展农业生产提供

图 3.2.2　收藏于国家历史博物馆的陶鹰鼎

条件。

第二，用烧制陶瓷方法烧砖制瓦，盖房居住，人类过着稳定的定居生活。

第三，陶瓷器皿提供酿造的容器。

自然界的水果皮上含有能使糖类发酵成酒的酵母，可以用简单的工艺促使果汁及糖类转化为酒。

大约在公元前 3000 多年，世界上各个民族就已开始根据本地区的特殊环境和条件，利用不同的原料和不同的方法，独立地发明了别具特色的酿酒工艺。从利用水果直接发酵制酒，到利用谷物发芽和谷物蒸煮糖化再进行发酵制酒，丰富了当时的食物品种，提高了对自然物质世界变化规律的认识，探索出从一类物质转变为另一类物质的方法，积累了天然产生的有机物质发生化学变化的知识。

　　酒放久了会自动氧化变成醋,尝起来是酸的。用水浸泡草木灰所得的水溶液,呈碱性。从而,人们逐渐地了解不同物质的水溶液性质。

　　第四,随着社会的发展,陶器发展为瓷器,它对原料的筛选、加工、成分和性质积累了丰富的化学知识。烧制瓷器为提高化学反应温度积累了经验,对瓷器表面的施釉技术进行开拓创新。陶瓷表面的彩绘图画和书法文字的内容和形式,也反映了当时的文化和思想。这些瓷器经历了长期的风雨,至今还保存得相当完整。图 3.2.3 示出公元前 3 世纪烧制的秦始皇陵兵马俑。

图 3.2.3　秦始皇陵兵马俑

3.2.2 冶炼金属

用火烧制陶器的发展,引致金属冶炼等化学活动的产生。在金属冶炼历史上,首先进行的是铜的冶炼。铜有天然铜存在于自然界,将它采集后放在陶器中加热熔化,就得到纯度较高的金属铜。天然的铜矿石色彩鲜艳,容易寻找。例如翠绿色的孔雀石和深蓝色的蓝铜矿,主要成分都是碱式碳酸铜。这些矿石在炭火中加热,会发生分解反应,脱水,放出二氧化碳变成氧化铜,再被木炭还原成金属铜。铜的熔点为1083℃,一般的炭火就可完成冶炼和熔铸。硫化铜类矿石则先要长时间焙烧脱硫,使它转化为氧化铜,再用炭火还原制得金属铜。

纯铜质地较软,不适合于制造工具。铜中加入锡形成的合金称为青铜。青铜的硬度较纯铜高而坚韧,熔点较纯铜低。含锡25%的青铜的熔点只有800℃,适合铸造和锻造器皿、礼器、兵器和农具。

我国的青铜铸造技术在殷商及西周时期达到了鼎盛时代。1939年河南安阳市出土的"司母戊"鼎是殷代前期的代表作,是商王为其母"戊"铸造的。它重达875千克,通高133厘米,横长110厘米,宽78厘米,经化学分析检测合金的组成,铜占84.11%,锡占11.64%,铅占2.79%,是世界上最大的出土青铜器。图3.2.4示出"司母戊"鼎。

图 3.2.4　"司母戊"鼎

铜和锌的合金呈现黄色金属光泽,称为黄铜。由于锌的冶炼较难,公元前后几十年间才在世界上开始出现。

钢铁的发展较青铜晚。早期人们用陨铁加热、锻打、制造铁器。陨铁来自天外,数量有限。用火烧制陶器以及铜合金的冶炼,促进了用铁矿石冶炼钢铁的技术发展,初期小规模的冶炼,用以制造农具、刀斧和宝剑。根据历史文献记载,大约在公元前1000 多年,西亚地区冶铁业普遍兴起。我国在春秋时代已发展了冶铁技术,生产生铁和铸铁,春秋晚期已开始制钢,到战国时期,炼钢技术已广泛应用于制造兵器和工具。

黄金是人类最早发现和利用的金属之一。金在自然界中以自然金的形式出现在河沙和山岩之中,数量较少。拣到金块和金沙,无须化学冶炼,直接加热熔化即可得到金光灿烂而又稳定的金属,用以制作装饰品和工艺品,以后逐渐用它制造金币。

银在自然界中常以硫化银(辉银矿)的形式与铅矿共生在一起。在冶炼时银和铅一起被还原出来,再从中分离金属银和金属铅。银白色的金属银常用来制作工艺品和首饰,以后用以制作银币。铅主要用于制作器皿。

冶金事业的开始和发展,使人们认识了铜、锡、铁、金、银和铅等化学元素的性质,积累了许多化学知识。

3.2.3 炼丹

从公元前 4 世纪到公元 17 世纪初的两千年间,社会上生产的发展、人民生活的改善、医药的探索、战争对武器的需求等各个方面,推动着化学活动的进行。

为了求药治病,寻找长生不老药,炼丹术在这期间几乎不间断地进行着。这方面的工作主要是在炼丹炉中以各种矿物和金属为原料炼制丹药,使它们进行化学变化,希图得到新的物质。在炼制过程中对一些元素及其化合物的认识得到提升。汞(水银)以及硫化汞(HgS,丹砂)、氧化汞(HgO,红色,三仙丹)、氯化汞($HgCl_2$,升汞,粉霜)、氯化亚汞(Hg_2Cl_2,甘汞)等都曾被采集并炼制出来,用作药物治病。金属铅、一氧化铅(PbO,黄丹)、四氧化三铅(Pb_3O_4,铅丹)、醋酸铅和碳酸铅等化合物也先后炼制出来。将金属铅或铅粉在空气中加热，容易生成一氧化铅，因为色泽金黄，称为黄丹或玄黄，夸张地说它有"概括天地，衍生万物"的威力。将黄丹进一步以猛火焙烧，即成为红色四氧化三铅，称为铅丹，秦始皇兵马俑身上用铅丹作红色颜料。铅丹等作为药物，被认为久服能通神明。砷及其氧化物和硫化物的冶炼和制备工作进行了很多。砒霜是三氧化二砷（As_2O_3），已深入普遍地了解到它是剧毒药物。雄黄（四硫化四砷，As_4S_4）和雌黄（三硫化二砷，As_2S_3）都呈现黄色，称为雌雄双黄，用作药品和颜料。用砒霜与草木灰等混合密闭烧炼，可制得银白色的砷。

3.2.4　发明黑火药

黑火药是我国古代的四大发明之一，其他三大发明分别为造纸术、印刷术和指南针。黑火药的发明是人类文明史上一项杰出成就，也是化学发展史上的大事。在火药的发明过程中，炼丹家起了主要作用，因为在炼丹过程中对黑火药的主要成分硝石和硫黄的性质有较深入的了解。硝石的化学成分是硝酸钾（KNO_3）或硝酸钠（$NaNO_3$），是炼丹术士常用的药物。

黑火药是由硝石、硫黄和木炭按一定的比例配制而成的，它能在点火后快速进行化学反应，燃烧爆炸。由于硝石和硫黄都是中药，而木炭呈黑色，故称黑火药。虽然配制黑火药的年代久远，但技术很成熟，现在隔了几千年，仍可传承原来的配方。

黑火药可用来制造烟花、爆竹,在节日给人们带来热闹、兴盛和快乐。黑火药作火枪的炸药,可驱赶猛兽、猎取野生动物,改善生活条件。黑火药在建筑工程中,可用于爆破山体岩石,便利修路、盖房、开山、造田等工程的进行,为社会的发展贡献力量。任何事物都有两重性,黑火药用来制造枪炮,成为作战的武器,取代长矛和弓箭等冷兵器,在战争中杀害对方,对增加人员伤亡起很大作用。

随着历史进程,黑火药发展为多种化学炸药,民用和军用并重。在中国,偏重民用,制造烟花爆竹、修路盖房。在欧洲,经过工业革命,发展新的化学方法,制造火药火器、坚枪利炮,用于战场,对外扩张,改变整个世界格局。要使发明黑火药的我们国家和平发展、繁荣富强,必须要有坚实的先进的化学科学基础,制造生产性能优良的火药和火器。

3.2.5 化学变化的朴素观点

随着制陶、冶金、炼丹和酿造等化学活动的发展,人们对周围世界的变化规律的认识逐步提高。中外先哲们对周围客观世界的本原和演变进行思考,发表见解。它们涉及自然界的很多根本问题,包括宇宙万物的起源、物质的基本组成、物质的内部结构、物质间的相互关系、物质的运动和转化规律,它们对后世化学的发展影响极大。下面简单地介绍两种物质观。

1. 四原性说

希腊哲学家亚里士多德（Aristotle，公元前 384—前 322）认为万物的基础是单一的、潜在的原初物质，它们可以被赋予若干不同的物性，这些物性便使得各种物体具有了某种个性和特定的形式。物性有相互对立的热、冷、干和湿这四种。这四种物性两两组合，成为六对。由于对立面无法成双共存，即同一物体不可能既是热的又是冷的，或者说既是干的又是湿的，由此推出基本的物性只能结合成四对：热和干，干和冷，冷和湿，湿和热，它们分别与四种原初物质火、土、水、气相对应，如图 3.2.5 所示。后世称这种学说为"四原性说"。

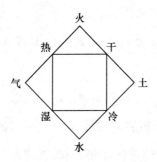

图 3.2.5　四原性说示意图

四原性说认为原初物质是物性的组成。物质包含物性的程度可以任意变化，而使一种物质嬗变为另一种物质，可在自然界中发生，也可人为地促进。例如气和水都含有湿，只要以冷克服热，气就可以变成水。

2. 五行说

五行说在我国殷商时期(公元前 1000 多年)就已在民间传播。这个学说认为构成宇宙的五种基本元素是金、木、水、火、土。将它们称为"五行"。这里"行"的含义是"行为""性能",五行即五种不同性能的物质,它们相克相生,相互结合起来而生成万物。

五行相克相生的具体规律是:水能灭火,故谓之水克火;火能熔化金属,即火克金;金属做成的刀斧可以砍伐木材,称为金克木;木材制成农具,可用来耕地翻土,即木克土;土筑堤垒坡可以挡水,即土克水。五行相生的次序为:木生火(木燃烧生火),火生土(火燃烧后的遗烬为土),土生金(土即矿石,它经过冶炼而得金属),金生水(金属能凝聚水汽而成水),水生木(用水灌溉,树木生长)。

将五行按图 3.2.6 所示的木、火、土、金、水的次序排在五边形面的五个顶角上,相邻的实线箭头(——►)的次序是相生,隔一个的虚线箭头(---►)的次序是相克,次序井然,终而复始。五行说是按朴素的辩证唯物主义的观点,将物质相互转化演变的物理化学性质用生动优美的多边形面的几何图形加以归纳总结而得。

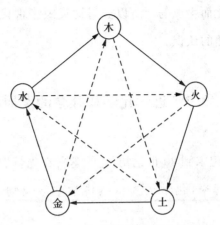

图 3.2.6　五行说的相克相生规律

我国古典文献中，"五行"最初称为"五才"，指的是金、木、水、火、土五种具体物质。古代先民在长期的生活和生产实践中认识到：金、木、水、火、土是五种不可缺少的基本物质，故将它们称为"五才"。《左传》中论述道："天生五材，民并用之，废一不可。"意思是说，人类依靠自然界的金、木、水、火、土这五种物质而生存，缺一不可。《尚书》对"五才"的作用作了更为具体明了的阐释："水、火者，百姓之所饮食也；金、木者，百姓之所兴作也；土者，万物之所资生，是为人用。"意思是说：人们靠水和火来烹饪饮食，靠金和木来制作工具、建设房屋；靠土地来生长庄稼和万物。以后将"五才"改为"五行"，是因各类物质有其特征相克相生的规律，反映出各类物质所具有的特性，具有能动的相互作用的力量，世界上的一切事物都是金、木、水、火、土五种物质之间的运动变化而生成的。所以五行说反映了古代先民朴素唯物辩证观对自然的认识。

3.3　近代化学和社会的发展

从 17 世纪末到 20 世纪初，化学学科在先哲们的努力钻研和实践中建立起来，化学成为自然科学中涉及物质科学的中心内容。

3.3.1　拉瓦锡的燃烧理论及其他成就

在 18 世纪七八十年代，法国人拉瓦锡（A.-L. Lavoisier，1743—1794）经过长期的实验研究，建立起燃烧的氧化学说，揭开了燃烧现象的本质。他令人信服地指出了长期以来统治化学界的燃素说的错误。拉瓦锡自觉地遵循和运用质量守恒定律，对各种燃烧反应进行实验，了解到氧作为一种元素的真正本性。他推翻了燃素说，并明确地批判了燃素说：

> 化学家从燃素说只能得出模糊的要素，它十分不确定，因此可以用来任意地解析各种事物。有时这一要素是有重量的，有时又没有重量；有时是自由之火，有时又说它与土素相化合成火；有时说它能通过容器壁的微孔，有时又说它

不能透过；……它真是只变色虫，每时每刻都在改变它的面貌。

拉瓦锡的这一成就，"使过去在燃素说形式上倒立着的全部化学正立了过来"。它使化学在正确的思想基础上向前发展。与此同时，拉瓦锡还对化学元素、化合物的命名以及化学的任务作了明确的表述。

拉瓦锡的燃烧理论结束了自古以来普遍认为水和空气是元素的错误见解。化学元素不是古希腊的三要素、四原性，也不是中国的五行。拉瓦锡认为：

如果元素表示构成物质的最简单组成，那么目前我们可能难以判断什么是元素；如果相反，我们把元素与目前化学分析最后达到的极限概念联系起来，那么，我们现在用任何方法都不能加以分解的一切物质，对我们来说，就算是元素了。

拉瓦锡把当时已经发现的 33 种单质列成一张元素一览表，把元素分成简单物质、非金属物质、金属物质以及能成盐的土质等 4 类。

拉瓦锡提出对化合物的命名原则，规定每种物质必须有一个固定名称;化合物的名称必须反映它所含的元素,以表示其组成;元素的名称必须尽可能反映出它们的特性或特征。这种命名原则基本上沿用至今。

拉瓦锡指出化学的任务:"化学以自然界的各种物体为实验对象,旨在分析它们,以便对构成这些物体的各种物质进行单独的检验。"

拉瓦锡的这些新思想,使化学科学从此开始进入了一个新纪元,所以他对化学的贡献完全可以和牛顿的《自然哲学的数学原理》对物理学的贡献相媲美。

化学的物质观推动着人类对物质的认识,使社会健康地向前发展。

3.3.2 道尔顿原子学说和新元素的发现

英国人道尔顿(J. Dalton, 1766—1844)在拉瓦锡奠定了化学元素学说之后不久,于19世纪开始的几年,发表化学原子学说,把原子论与元素学说统一成为有机整体,使化学成为一门独立科学。

1803年道尔顿发表的原子学说有下面三个要点:

(1)元素(单质)的最终粒子称为原子,它们极小,是看不见的,是既不能创造,也不能毁灭和不可再分割的,它们在一切化学变化中保持其本性不变。

（2）同一种元素的原子,其形状、质量及各种性质都是相同的。每一种元素以其原子的质量为最基本的特征。

（3）不同元素的原子以简单数目的比例相结合,形成化学中的化合物,同一种化合物粒子的质量为所含各种元素原子质量之总和,其组成、形状、质量和性质也相同。

以上诸点在化学的发展史上具有划时代的历史意义。他还列出第一张原子量表。

将原子学说和当时物理学家研究的原子光谱结合起来,把光谱中的某一特征谱线和某种元素相联系。钠盐火焰呈黄色、钾盐呈紫色、铜盐呈翠绿色、钡盐呈草绿色、锶盐和锂盐呈鲜红色,从而得到某种金属和它的化合物给出相同的光谱的结论。按照这一结论,不但能简便地检出某种元素是否存在,而且为新元素的发现及判断星球上存在什么元素提供了崭新的方法。铯、铷、镓、铟、铊等稀散元素就是在 19 世纪用光谱法发现的新元素。分析太阳光谱,表明太阳中有氢、钠、铁、钙、镍等元素。当时在地球上居然能测定出 1.5 亿千米以外太阳的化学元素组成,轰动了全球科学界。

利用光谱法对当时地球上还未发现,却存在于太阳上的一种新元素——氦(当时称它为太阳元素)进行分析,也是轰动科学界的大事。

从 18 世纪中叶到 19 世纪中叶的 100 年中,随着生产和科学实验的大发展,平均每两年半左右就有一种新元素被发现,到 1869 年已发现 63 种元素,对每种元素原子量的测定和各种元素的物理和化学性质都已有研究。这些丰富的资料给科学家们提出了一系列亟待回答的问题:地球上究竟有多少种元素?怎样去寻找新元素?各种元素之间究竟是否存在着一定的内在联系?

门捷列夫正是在这个客观条件比较成熟的时机于 1869 年发现了化学元素周期律。元素周期律为化学科学的发展提供了新的思想武器,推动着化学和社会发展。它也和自然科学的其他三大发现(能量守恒和转化定律,细胞发现和细胞学说,达尔文的进化论)一起,将科学界的自然观提高到新的境界。

3.3.3 阿伏加德罗分子论和微观世界

意大利人阿伏加德罗(A. Avogadro, 1776—1856)是 19 世纪初提出分子论的物理学家,他于 1814 年发表文章,在物体和原子这两种物质层次之间引进一个新的层次——分子,用以解释当时的许多实验事实。该理论对化学科学的发展起重大作用,使人们的眼光深入到微观世界,了解分子由原子组成,了解分子的大小和质量等情况。

阿伏加德罗认为,对化合物而言,分子即相当于道尔顿所谓的"复杂原子";对元素单质而言,同样也包含这样一个层次,只不过由几个相同的原子结合成分子。气体物质无论是元素单质还是化合物,其体积与分子数目之间都存在着非常简单的关系:相同体积的任何气体,其中所含的分子数目总是相等的。所以在相同温度和压力下,同体积的气体物质含有相同数目的分子。各种气体的密度是度量分子质量的尺度。

道尔顿的原子论一经发表,立即得到化学界的重视。然而阿伏加德罗的分子论提出后却被冷落了近半个世纪。这期间经历了原子论、当量、分子量等一系列的研究结果间相互矛盾引起的争论。直至 1867 年,康尼查罗等化学家分析归纳自己所测的分子量数据,才重视阿伏加德罗分子论的重要意义,并将它加以表述,作出原子和分子的现代定义:

> 分子是原子的集合,是化学物质——无论单质或化合物——能够分开的,或者说能够独立存在的最小部分;正是物质的这个最小量能够进入任何反应或者由反应而产生出来;原子是存在于化合物的元素的最小部分,它是不能被化学再分的最小质量。

原子-分子学说确立过程中,阿伏加德罗常数的提出和测定,使人们在研究微观世界时对研究的对象给出了清晰的图像。阿伏加德罗常数是指 1 摩尔(1 mol)物质中包含分子的数目。许多物理学家采用不同方法加以测定,其中最直观的是英国晶体学家布拉格父子(W. H. Bragg 和 W. L. Bragg)在 1912 年到 1915年间测定了金刚石和氯化钠等一系列化合物的晶体结构,他们利用晶胞参数和晶体的密度等数据算得阿伏加德罗常数值为:

$$N_A = (6.0228 \pm 0.0011) \times 10^{23} \text{ mol}^{-1}$$

这数值的精确度高、物理图像明确,和现在国际颁布的通用数值 $6.02214076 \times 10^{23} \text{ mol}^{-1}$ 几乎完全相同。它使化学家在原子-分子水平上认识化学物质的结构和性质,对物质的探索研究步入微观世界,在化学的发展中产生了深远的影响,成为此后一个世纪化学得以飞速发展的重要因素。

3.3.4 尿素和有机物的人工合成

1824 年德国化学家维勒(F. Wöhler, 1800—1882)从无机物氰和氨水出发制出了尿素。经过四年的论证以及用不同的无机物通过不同的途径也合成相同的尿素,他便于 1828 年发表了题为"论尿素的人工合成"的文章。

尿素的人工合成是化学的一大进步。此前,生物学和有机化学中广泛流行一种"生命力论",认为动植物有机体具有一种生命力,只有依靠它才能制造出有机物质,尿素的合成给"生命力论"以巨大的冲击。尿素虽然从无机物人工合成出来了,还有人认为:尿素只是动植物的分泌物,界于有机物和无机物之间,不能认为是真正的有机物；想用无机物合成复杂的真正的有机物是不可能的。随后化学家们从无机物出发，相继合成了醋酸、柠檬酸、葡萄糖等一系列有机物，这才使化学家们确信可以由无机物人工合成出有机物。至此，"生命力论"才真正被驳倒，解除了它对人们思想的禁锢，开创了有机合成的新时期。下面从几件事例简述 19 世纪后半叶有机化学的进展。

1. 茜素和靛蓝的人工合成

茜素和靛蓝是很早就被人们使用的天然染料。

茜素是从茜草中提取出来的一种鲜艳的绛红色染料。在 17 世纪时，由于欧洲纺织工业的发展，染料需要量增加，虽然曾人工种植茜草，但仍满足不了需要。19 世纪 60 年代，化学家开始研究它的结构，并以

茜素

蒽醌为原料，探索出原料便宜、操作简单、产率较高的合成路线，制得了茜素，投放在市场上，代替天然的茜素。

靛蓝是人们很早从木蓝和松蓝植物中提取用来染棉布的蓝色染料，由于它非常稳定不会褪色，很受人们的欢迎。靛蓝结构的测定和价廉的人工合成工业途径研究，经过了漫长的道路——从 19 世纪初到 20 世纪初，这是有机化学发展史上一项重要的史料。

靛蓝   阴丹士林

在靛蓝人工合成的基础上,化学家又改进合成方法,生产出性能比靛蓝更好的阴丹士林染料。它是一种色泽鲜艳的蓝色染棉染料,耐光性能好,不易褪色,而且价格低廉。阴丹士林英文名为 Indanthrene,是由 Indigo(靛蓝)和 Anthrancene(蒽)联合组成的。

2. 碳原子价键的四面体构型和分子旋光性

随着有机合成和有机分析的发展,人们对有机化合物的认识逐步深入。其中一个问题是四价碳原子连接的 4 个基团在空间应当怎样排布。荷兰人范霍夫(J. H. van't Hoff,1852—1911)和法国人勒贝尔(J. A. Le Bel,1847—1930)根据 CH_2R_2 只有 1 种异构体,而 $CHR'R''R'''$ 只有 2 种异构体的事实,认为和碳原子连接的 4 个原子或基团不可能是在同一平面上,4 个键指向 4 个不同的方向(如图 3.3.1 所示),因为在同一个平面上排列 CH_2R_2 有 2 种异构体,而 $CHR'R''R'''$ 应有 3 种异构体,和实际情况不同。

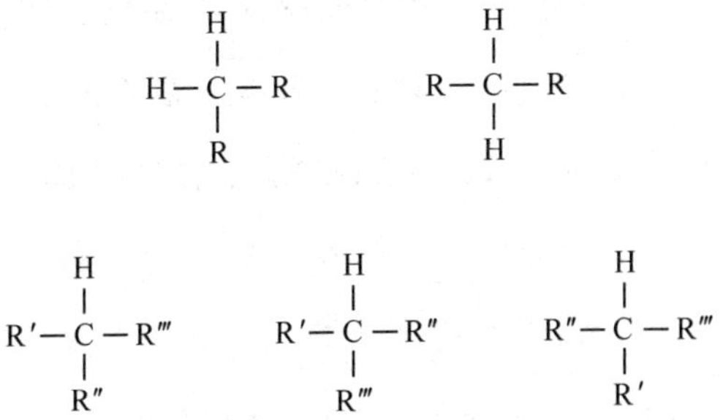

图 3.3.1 碳原子平面四方形构型的异构体

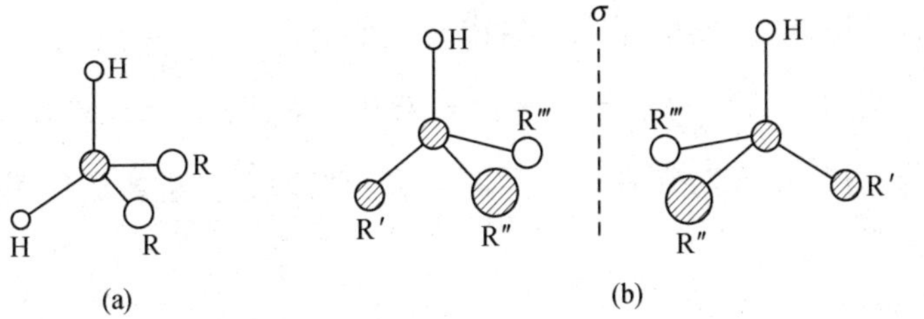

图 3.3.2 碳原子四面体构型的异构体(图(b)中的虚线表示镜面)

范霍夫认为,C 原子的 4 个价键应当指向四面体的 4 个顶点,碳原子居于四面体的中心,这样异构体的数目就减少了。对 CH_2R_2 只有 1 种异构体,如图 3.3.2(a)所示。对 $CHR'R''R'''$ 只有 2 种异构体,如图 3.3.2(b)所示,其中一个是另一个的镜像,不可能叠合。

3. 苯的环状结构的建立

苯是 1825 年由法拉第首先发现的。后来,经过多方实验确定它的分子式为 C_6H_6。这为确定它的结构产生了难题,因它的氢碳比很小,应是不饱和化合物,但它性质上又不显示典型的不

饱和化合物所具有的易发生加成反应的性质。德国人凯库勒
(F. A. Kekulé, 1829—1896)对这一问题日夜不停地思考,终于提
出了一个由 6 个碳原子以单、双键交替结合而形
成的环式结构。后来他说,他是在书房中打瞌睡
时梦见碳原子长链像蛇一样抓住自己的尾巴的景
象启发所得。他自述的趣闻,启迪人们在科学研
究中必须注意独立思考和善于想象,将问题终日放在头脑中萦
绕着,以致产生的梦幻也会给出有益的启示。

苯的环状结构指导有机化学家开发利用煤焦油,并对染料、
医药、香料和炸药等有机产品的合成和发展起了重要的作用。

3.4 20 世纪的化学推动社会迅猛发展

20 世纪的 100 年间,科学技术迅猛发展,人类对物质的需求
大幅度地增加。在社会发展的推动和化学学科先进理论指导
下,化学出现了许多重大的突破性进展,它和其他各个学科一
起,深入到社会的各个领域,为人类创造了丰富的物质财富,增
进人们的健康水平,形成了崭新的社会面貌,也使人们对物质世
界的认识深入了一大步。

本节通过几方面的实例,实际地理解化学是什么,以及它在
社会发展中的作用。而更全面的情况则在后续几章中介绍。

3.4.1　合成氨和化学肥料的发展

1909 年德国化学家哈柏（F. Haber，1868—1934）用锇作催化剂，成功地在高温高压下将惰性很大的氮气和氢气化合成氨气。

$$N_2 + 3H_2 \longrightarrow 2NH_3$$

哈柏因此获得 1918 年诺贝尔化学奖。

德国人博施（C. Bosch，1874—1940）在哈柏的基础上深入研究。他先后试用 2500 多种不同的催化剂配方，经过 6500 多次试验，找到性能很好而又廉价的铁催化剂，实现合成氨的大规模的工业化生产，并促进农业生产的发展。博施因合成氨的生产而获得 1931 年诺贝尔化学奖。

20 世纪后半叶，许多化学家看到由于合成氨等催化工业产品的需要量大增，思考着深入地、精确地了解它们的反应机理的必要性，使之进一步提高生产水平。其中德国化学家埃特尔（G. Ertl，1936—　）是杰出的代表人物，他对表面化学进行深入研究，其中也包含阐明合成氨反应过程是由 7 个步骤构成。他的这些成就使他获得了 2007 年诺贝尔化学奖。

不同时代的三位大师认真地对合成氨的化学进行研究，促进化学科学的发展，造福人民，分别都获得了诺贝尔化学奖。化学是一种永无止境的科学。

氨气除了用来制造氨水、碳酸氢铵、硫酸铵、尿素等化学肥料外，还是其他许多化工产品的原料，用以生产硝酸、硝酸铵、氯化铵、硝化甘油、三硝基甲苯、硝化纤维、己内酰胺和己二胺等数目众多的化学品。

1. 合成氨奠定了现代农业化肥的基础

化肥是指在农业上用作肥料的化学制品。基本的化肥是含氮、磷、钾三种营养元素的肥料。

（1）氮肥。主要有促进作物的茎叶繁茂、分蘖增多、籽实饱满，提高产量和蛋白质含量等作用。以合成氨为基础，进一步生产出尿素、硫酸铵、硝酸铵、氯化铵、碳酸氢铵、氨水等。

（2）磷肥。促进作物分蘖、早熟，增加抗寒能力以及提高作物的产量和质量。大部分是以磷灰石矿物为原料，或磨细直接作肥料，或和硫酸等反应形成水溶性较高的过磷酸钙和其他磷酸盐作肥料，还可以用鸟粪、骨粉或工业生产中含磷的副产品进行加工。

（3）钾肥。促进作物生长过程中糖类化合物的合成和转化，增进作物健康生长、抗病虫害、抗倒伏，增加氮肥的效果等。主要从含钾的矿石或从含钾的盐湖中提取氯化钾。

随着科学的发展，化肥的内容和概念也得到新的发展。第一，植物的营养元素还应包括镁、钙、硫、硼、锌、锰、铜、钼、铁以及其他微量稀土元素，化肥的化学成分大为扩展。镁是叶绿素的基本元素,是促进植物进行光合作用的催化元素。硫是蛋白质的组成部分,对植物的生长发育有重要影响。锌是多种酶的组成成分,参与叶绿素和生长素的合成,促进核酸和蛋白质的合成。锰能刺激植物根部生长固氮根瘤,促进豆科植物的增产。铁是一些酶的组成成分,在氧化还原中起重要作用,如抗树叶发黄等。第二,施肥的方式有叶面施肥等根外施肥的方法,以及无土栽培技术为作物生长配营养餐。第三,随着无公害绿色食品的发展,要求食品中的有害元素和化合物降低到卫生食品的要求。化肥的品种和质量以及对土壤中有害物质的处理,成为研究化肥的重要内容。

农用肥料除化肥外还有大量的有机肥料,它是指动植物的残骸、人畜和家禽的粪便以及其他有机废弃物等。它的来源有农作物秸杆还田、厩肥、堆肥、有机物灰烬、沼气池肥、绿肥、饲养场和屠宰场废弃物。正确使用有机肥料既有为农作物提供营养和改良土壤的双重作用,也利于改善环境。对这类肥料又称为绿色肥料。使用有机肥料需要化学知识的指导,帮助了解施肥的对象和方法。例如草木灰富含钾元素,是碱性物质,草木灰和碳酸氢铵不宜混合在一起同时施用,以免氮肥流失。对有机肥料要进行化学成分分析和生化分析,并根据情况进行处理,以免毒物和细菌等有害物质伤害人体和进入农产品。

当化肥源源不断地施放到田间,植物生长得到物质保证。

加上农用杀虫剂及一系列农药的使用,农业得到欣欣向荣的发展,世界粮食的产量成倍地增长。第二次世界大战后半个多世纪,世界粮食产量翻了两番,粮食生产量的增长率在这期间始终高于人口出生率,人类从整体上脱离了饥饿的威胁。

2. 和化学肥料发展的同时,化学和生物学一起研究农用杀虫剂和农药并获得迅速的发展

农用杀虫剂和农药常有它的两面性:一方面在防治害虫上有很好的效果;另一方面残留在农产品和土壤中的农药影响产品的质量,影响人们的健康。农业化学家要不断地对现有的农药进行筛选,防止和控制使用农药带来的负面影响;开展低毒高效农药的研究,替代高毒性农药;还要普及安全使用农药的方法及限用措施,特别控制使用在直接吃喝的果品、蔬菜和茶叶等农产品的生产过程中。

化学是什么?化学是促进农业丰收,是解决"民以食为天"问题的大功臣。

3.4.2 高分子材料的发展

20世纪,由于高分子化学的发展形成了三大合成材料工业:塑料、纤维和橡胶。它们以酚醛塑料、尼龙-66纤维和氯丁橡胶为开端,发展迅速、应用面广,人们的衣、食、住、行以及日常生活用的各种物品均离不开高分子材料。到20世纪末,世界塑料和树脂的年产量超过 1 亿吨,人造纤维超过 2000 万吨,橡胶超过 1000 万吨。年产高分子材料的总体积已超过全部金属的总和。20 世纪被称为高分子时代。下面分别对塑料、橡胶、纤维和涂料加以简单介绍。

1. 塑料

塑料是以合成的高分子化合物为基础,加入辅助剂,如增塑剂、填料、稳定剂、润滑剂等制得。有的塑料产量大、用途广、价格低廉,如聚乙烯、聚丙烯、聚氯乙烯、聚苯乙烯等,大量地用在塑料购物袋、包装袋、农用塑料薄膜、家具、日常用品等各个方面。另外一些塑料,如聚酰胺、聚甲醛、聚苯醚和聚碳酸酯等,是通过共聚、填充、增强和合金化等途径提高其应用性能,使它耐磨、耐压和耐拉,能耐较宽的温度变化范围,能在苛刻的环境条件下长期地使用,以适应工业部门发展的需要,如飞机、汽车、火车、轮船等新型交通工具的发展,计算机等信息产业,化工和制药设备的更新等。有些特殊的需要,如 2008 年北京奥运会主游泳馆"水立方"即是一个大型的塑料制品。

2. 橡胶

橡胶是一类线型柔性高分子化合物。其分子链的柔性好,在外力作用下可产生较大形变,除去外力后能迅速恢复原状。顺丁橡胶、丁苯橡胶、氯丁橡胶等通常用来制造轮胎及其他常用弹性制品。而具有特殊性能,如耐寒、耐热、耐油和耐臭等的特种橡胶(如硅橡胶、氟橡胶、聚氨酯橡胶等)也已根据需要研制开发。

3. 纤维

纤维是指长度比直径大很多倍,并且具有一定的柔韧性的纤细物质。棉、毛、丝、麻属天然纤维,其余的统称化学纤维。化学纤维一部分以天然聚合物为原料,经化学处理和机械加工得到,如黏胶纤维、乙酸酯纤维等。另一部分由合成的聚合物制得,称合成纤维,它品种繁多,是化学纤维的主流。表 3.4.1 列出几种合成纤维的通俗名称:

表 3.4.1　几种合成纤维的通俗名称

合成纤维	通俗名称
聚酰胺纤维	尼龙纤维、锦纶
聚酯纤维	涤纶(的确良)
聚氨酯弹性纤维	氨纶
聚丙烯腈纤维	腈纶(人造羊毛)
聚乙烯醇缩醛纤维	维纶
聚氯乙烯纤维	氯纶
聚烯烃纤维	乙纶、丙纶

合成纤维具有强度高、耐磨损、耐酸碱、质量轻、保暖性好、抗霉蛀等特点,用途广泛,普遍地在纺织业中应用,一般采取混纺的方式,即将天然纤维和合成纤维按一定的比例,混合在一起,使它显示出各自优点。

4. 涂料

涂料是指涂布在物体表面形成具有保护和装饰作用的膜层材料。它在社会生活和生产中日益显示其重要性。涂料是多组分体系,主要为成膜物、颜料和溶剂。其中成膜物大都是高分子材料,按其成膜过程可分为两类:一类是成膜过程伴有聚合反应,形成网状交联结构,如环氧树脂、醇酸树酯等;另一类成膜过程仅是溶剂挥发,使聚合物成层形分布在表面上,如热塑性丙烯酸树酯、氯丁橡胶等。

3.4.3 核化学和放射化学的发展

居里夫妇在 19 世纪末和 20 世纪初先后发现了钋和镭,它们的放射性分别比铀强 400 倍和 200 倍,居里夫妇因此获 1903 年诺贝尔物理学奖。1906 年居里不幸因车祸死亡,居里夫人继续对镭深入研究,测定它的原子量,并以制得的 20 g 镭作为标准,研究用于疾病的放射治疗和其他应用。1911 年居里夫人又获诺贝尔化学奖。在此之前,1908 年诺贝尔化学奖授予卢瑟福,以表彰他提出放射性元素蜕变理论。居里夫人的女儿和女婿约里奥-居里继续居里夫人的事业,用钋的 α 射线轰击硼、铝、镁时,发现产生带有放射性的原子核,人工制得放射性元素,因此于 1935 年获诺贝尔化学奖。费米在约里奥-居里夫妇工作的基础上,用慢中子轰击各种元素,获得 360 种新的放射性同位素,还发现核发生

β-衰变,产生了新元素,他因此获得 1938 年的诺贝尔物理学奖。1939 年哈恩发现核裂变,这是原子能利用的基础,他因此获 1944 年诺贝尔化学奖。1942 年,在费米领导下,成功地建造了第一座原子反应堆。在第二次世界大战中,美国于 1945 年 8 月在日本广岛和长崎先后投下了两颗原子弹,加快结束了第二次世界大战。

从上述半个世纪的历史情况,反映物理学和化学密切地结合在一起,发展了核裂变和放射性物质的研究,大大推进了科学的发展和社会的进步,化学进入了原子核时代。人们对物质世界的认识深入到原子核层次。

在 20 世纪后半叶,核化学和放射化学的发展,进一步提升人们对物质世界的认识,切实地惠及广大人民。例如:

(1) 以放射性药物治疗困扰人类的癌症等疾病。

(2) 利用核裂变发展核电站,核能已成为能源的重要成员,目前已占总能源的 10% 以上。

(3) 用核化学技术,如中子活化分析法,测定物体中各种元素的含量;用 ^{14}C 放射性同位素法测定历史文物的年代。

3.4.4 深入认识物质的微观世界

20 世纪初,物理学的革命性发展,带动着化学的发展,其中以下列四个方面对化学的影响最大:① 能量量子化和量子力学;② 光电效应和光子学说;③ 电子的波性和化学键的本质;④ X

射线衍射和晶体结构的测定。

　　早在 19 世纪初,道尔顿便提出原子学说,认为元素的最终组成者是原子,原子是不能创造、不能毁灭、不可再分,在化学变化中保持不变的微粒。但是不到一百年,化学家们于 19 世纪末相继发现了天然放射性、阴极射线(电子流)和 X 射线。1887 年汤姆孙发现了电子。原子是由原子核和电子组成的,由此打开了原子内部结构的大门。20 世纪初,根据原子光谱和 α 粒子穿透金箔等实验,卢瑟福提出原子结构的行星绕太阳的模型。1913 年,玻尔综合普朗克的量子论、爱因斯坦的光子学说和卢瑟福原子模型提出氢原子结构,即一个电子绕氢原子核旋转的模型,并用以解析氢原子光谱,使人们了解氢原子中电子运动的速度、绕核运转时电子离核的距离,给出了电子从一个轨道到另一个轨道所需的能量,并和氢原子光谱的波长联系起来,大大加深了人们对原子的认识。

　　20 世纪 20 年代,量子力学建立,化学家们将量子力学用于化学,形成了量子化学,推引出原子核外的电子并不像"行星绕太阳"方式按轨道运行,而是统计地按波动的方式发现,需用波函数来了解电子的情况。这种描述原子中电子的波函数仍按旧称,叫原子轨道(AO,atomic orbital);描述分子中电子的波函数称分子轨道(MO,molecular orbital)。AO 和 MO 都像波一样,可以为正值、负值或零值。同号叠加可以增大,异号叠加互相就会抵消，可变为 0，从而为原子间形成化学键得到理论依据。例如两个 H 原子接近时，它们的 1s 轨道互相叠加，即波函数同号相加增大，核间电子云（波的振幅或波函数平方值）也增大，核间增大的电子云同时受到两个核的静电吸引，使能量降低，形成稳定的分子，这就是共价键的本质。

晶体是原子或分子按一定的周期规律排列形成的固体物质，其周期的大小和 X 射线的波长相当。当 X 射线照射到晶体上，会产生衍射效应。1912 年劳埃和布拉格父子开创 X 射线衍射法，在起初的十多年测定出许多无机化合物的晶体结构。到20 世纪二三十年代测定了尿素、六次甲基四胺等简单有机化合物的晶体结构。四五十年代测定了青霉素等较复杂的药物分子的晶体结构，并开始对氨基酸、蛋白质和核酸等生物物质进行研究。60 年代以后，随着计算机和衍射仪的发展，收集衍射数据的速度、精确度和自动化程度大大提高，解晶体结构的直接法为解晶体结构作出突出贡献。到 20 世纪末，可以说只要化学家合成和培养出晶体（直径 0.1 毫米即可），绝大多数在两三天内就可以得到完整而精确的晶体结构数据，从中详细地获得晶体的对称性，分子的立体构型和构象，分子间的堆积和相互作用，各个原子的热振动幅度以及原子间化学键的情况。晶体结构测定已成为研究化学问题所必须具备的方法。

3.4.5　对生命物质的认识

对生命物质的认识,在 20 世纪得到了飞速的发展。化学的各个分支学科都在对生命物质的研究作出贡献。例如分析化学,不仅分析各种生命物质的化学成分、结构基团,还分析人体各个器官中哪些元素比较富集,这些元素以什么状态存在,并将各种元素或分子加以分离鉴定。无机化学常以生物体中的金属元素和哪些配位体结合、起什么生理作用为研究对象。例如人体中的 Fe 处在血红素中,对呼吸功能阐述得非常明确,也解释了 CO 和 CN^- 具有高毒性的机理。有机化学始终把生命物质作为自己的研究对象,下面以蛋白质和核酸为例说明。

1. 蛋白质

蛋白质是生物体中广泛存在的一类生物大分子。它是通过 α-氨基酸之间的 α-氨基和 α-羟基形成的以肽键

$$\left(\text{酰胺键,} -\overset{\overset{\text{O}}{\|}}{\text{C}}-\text{NH}-\right) \text{结合而成的} \left[\text{NH}-\overset{\overset{\text{R}}{|}}{\text{CH}}-\overset{\overset{\text{O}}{\|}}{\text{C}}\right]_n \text{长链化合}$$

物,是具有特定立体结构的生物活性大分子。一般将 50 个以上氨基酸聚合的分子称蛋白质,小于 50 个的称多肽。组成蛋白质的氨基酸都是 L-型 α-氨基酸,如图 3.4.1 所示。

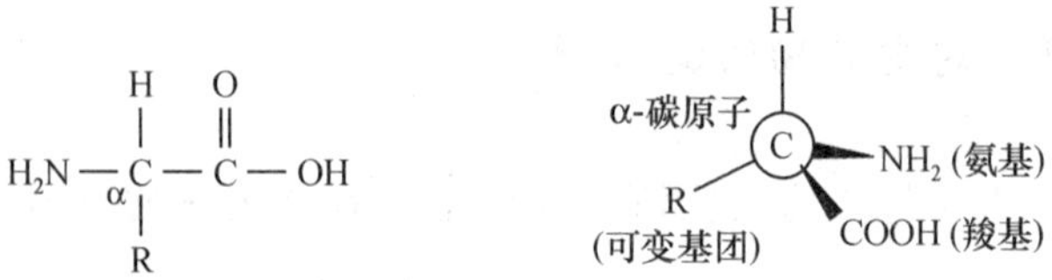

图 3.4.1　L-型 α-氨基酸

　　描述蛋白质结构可分为四级：一级结构指主链中的氨基酸的数目、类型和顺序；二级结构指主链通过氢键结合所形成的盘旋或折叠构象；三级结构指在二级结构基础上进一步盘绕、折叠产生的单个蛋白质分子的形状；四级结构指将三级结构所表示的分子通过各种分子间的作用力形成相对稳定的寡聚体。

　　从 20 世纪中叶起，化学家和生物学家按照蛋白质是由一定序列的氨基酸缩合形成的多肽分子，具有较多地形成氢键能力的特点，即多肽主链中的 N—H 作为质子给体，—C≡O 基作为质子受体，相互形成 N—H…O 氢键，决定蛋白质的结构。美国化学家鲍林(L. Pauling,1901—1994)由已知的化学键知识和形成最多氢键原理，提出蛋白质的 α-螺旋结构模型，如图 3.4.2 所示。

　　20 世纪 60 年代，蛋白质晶体结构的测定过程充分利用了这种模型，测定所得的成果证实了这种结构模型在蛋白质中客观存在的事实。现在，以我国首先人工合成牛胰岛素为先例，人们已经可以在实验室中人工合成出许多种蛋白质，对天然产物中分离出来的上万种蛋白质，其中数以万计的结构已经加以测定。

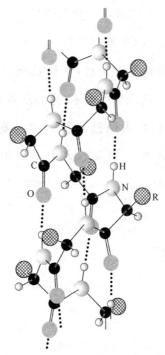

图 3.4.2　α-螺旋结构

2. 核酸

核酸分脱氧核糖核酸（DNA）和核糖核酸（RNA）两大类，前者是遗传信息的携带者，后者对生物体内蛋白质的合成起重要作用。1953 年，美国生物学家沃森（J. Watson，1928— ）和英国生物学家克里克（F. Crick，1916—2004）提出 DNA 的双螺旋模型，为遗传工程的发展奠定了理论基础，这是 20 世纪自然科学最伟大的发现之一。DNA 由两条多核苷酸链组成，链中每个核苷酸含有一个戊糖、一个磷酸根和一个碱基。碱基分两种：一种为双环的嘌呤,包括腺嘌呤(A)和鸟嘌呤(G);另一种为单环的嘧啶,包括胸腺嘧啶(T)和胞嘧啶(C)。两链的碱基相互通过氢键配对:A 和 T 间形成 2 个氢键,G 和 C 间形成 3 个氢键,如图3.4.3 所示。由于形成氢键的要求,这种配对是互补的、专一的,是不可交换替代的,称为碱基互补配对定则。这个定则要求DNA 双链结构中 A 和 T 以及 G 和 C 各对中碱基数量要相同,两条链的走向则相反。

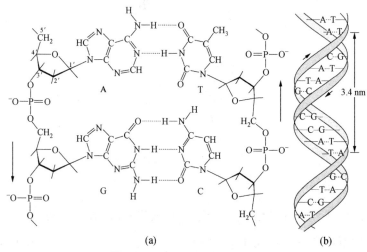

(a)　　　　　　　　　(b)

图 3.4.3　DNA 双螺旋结构

DNA 中两条长链分子因空间结构的要求,相互形成右手螺旋的结构,它好像一个螺旋形梯子,磷酸根和戊糖构成梯子两侧的扶架,碱基对像梯子的踏板,碱基踏板间距离 0.34 纳米,每个螺旋周期含 10 对碱基,周期长 3.4 纳米,如图 3.4.3 所示。

　　化学家对蛋白质和核酸等生命物质的研究,不仅使生物化学迅速发展,而且由此诞生了结构生物学和分子生物学。生物化学和化学生物学已经融合在一起,很难划分二者的界限,并且达到从分子水平了解生命现象的本质,从更新的视角去揭示生命的奥秘,利用 DNA 技术进行亲子鉴定就是证明。

第 4 章

什么的化学和化学的什么

4.1　什么的化学

4.1.1　无机化学

无机化学是研究无机化合物的组成、结构、性质、相互转变规律及应用的科学。"无机"两字来源于早年认为这些化合物是从无生命物质中提取和制得的。现在化合物从组成和结构上分成两大类:有机化合物和无机化合物。将碳氢化合物及其衍生物称为有机化合物,其他都归入无机化合物,包括单质、简单的含碳化合物(如一氧化碳、二氧化碳、碳酸盐、碳化物等)和各种元素间形成的化合物。生命物体中包含有大量的无机物,例如人体中水占体重的 $60\%\sim70\%$,水是无机物。随着无机化学研究范围不断扩展并与其他学科交叉、渗透,形成了元素化学、无机合成化学、配位化学、有机金属化学、生物无机化学、无机固体化学、原子簇化合物化学、超分子化学等次级学科。无机化学的研究对资源的开发利用、环境保护、新材料的开发、生命科学的研究等都具有重大意义。下面以元素化学、锂化学和稀土元素化学为例加以说明。

1. 元素化学

元素化学是按元素周期表中元素的排列，分族或对某些个别元素进行研究的化学。例如碱金属元素化学是研究锂、钠、钾、铷、铯和钫等六种元素的通性及每种元素的特性的化学。由于同族元素有许多相似之处，联系在一起讨论，容易理解它们的结构和性质的规律。这族金属元素单质的熔点和沸点都较低，都是电的良导体，都可溶于液氨。它们外层价电子都排布在 s 轨道上，成为 ns^1（$n=2,3,4,5,6,7$），都容易丢失 1 个电子成一价正离子，都是强还原剂，化学性质活泼，容易和卤素、水和氧气等进行化学反应。由于随着周期数 n 加大，原子半径加大，电离能依次降低，原子的电负性也依次减小，化学活泼性增大，金属性增强。一价正离子 M^+（M 表示金属）的离子半径随 n 的增大而加大，在分离时，可选择孔穴大小不同的冠醚进行络合（配位）分离，提取含量较稀少的锂、铷和铯，作为贵重的特种材料，提供给新兴的产业部门使用。

2. 锂化学

锂（Li）是最轻的碱金属，水溶液中 Li^+/Li 电极的标准电势

为 -3.04 伏（V）。锂电池质量轻、电压高，自放电少，低温性能较好，比较理想，已制造出多种电池（包括蓄电池和热电池）。锂电池已成为绿色无碳排放的车用能源，将会大量使用在锂电池电动汽车中，以代替传统的内燃机汽车。将锂和碘（I）组成一种固体电解质电池，负极为金属锂，正极为碘加聚（2-乙烯基吡啶），电解质为固态的 LiI。LiI 的电导率很低（室温下约 10^{-7} $S \cdot cm^{-1}$），在电池制作时并不加入，它是锂与碘发生反应后在原位产生的，故 LiI 层极薄，足以维持一定的电流。因该电池是固态的，无气、液泄漏等问题，寿命长达十余年，安全、可靠，特别适用于给心脏起搏器作电源，早已商品化。随着信息产业和航空航天工业的发展，制造锂电池、锂合金所涉及的锂化学，吸引着人们的关注。

3. 稀土元素化学

稀土元素包括 15 种镧系元素：镧（La）、铈（Ce）、镨（Pr）、钕（Nd）、钷（Pm）、钐（Sm）、铕（Eu）、钆（Gd）、铽（Tb）、镝（Dy）、钬（Ho）、铒（Er）、铥（Tm）、镱（Yb）、镥（Lu）以及钪（Sc）和钇（Y）共 17 种第 3 族元素。化学家和物理学家共同测定镧系元素价层电子结构为 $4f^{0\sim14}5d^{0\sim1}6s^2$，钪为 $3d^14s^2$，钇为 $4d^15s^2$。原子电子组态的相似性，使它们（钷除外）在光、电、磁的物理性质上有着共同的特点，成为制作各类材料的宝贵原料。现今信息产业、航空航天工业以及许多涉及高科技的产业都需要含有稀土元素制作的材料和元器件。例如，高速铁路所用钢轨，要加入稀土金属提高它的机械性能和抗腐蚀性能；航空航天所用的轻质合金，需添加少量稀土元素，增加其机械强度和抗疲劳性能；稀土永磁材料是重要的功能材料，广泛地用于能源、交通、家电、信息、医疗和机械各种行业。纯粹的单一稀土元素，广泛用于光、电、磁相关领域的产品，如电视机、激光器、控制器等元器件中，电视屏幕上的红色荧光粉，常用铕和钇的氧化物制得，它发光效率高、性能稳定；铽和铈用以制造绿色荧光粉；镝灯具有亮度大、色泽好、体积小、电弧稳定等特点，用于电影和印刷等照明光源；掺铒的激光器，其激光波长范围窄、光强高，性能优良，应用于光纤通信。稀土元素在化学工业中是重要的催化剂，用于化工生产中的许多反应，在汽车尾气净化处理的装置中，加入铈可使尾气中的一氧化碳和氮氧化物的含量减少。

我国在世界上蕴藏稀土元素最为丰富，经化学家的努力，提高了冶炼和分离的技术，已成为生产混合稀土元素和单一稀土元素的大国，其中徐光宪教授发明的串级萃取分离稀土元素的工艺，为高效地从混合稀土元素中分离出单一稀土元素作出重大贡献。随着高新技术高速发展，许多热点问题都涉及和稀土元素相关的材料，为稀土元素化学的发展提供了重大的机遇。

化学是什么？化学是一门充分利用蕴藏的自然资源，将它开发、分离、提纯，为社会的现代化建设提供宝贵的材料的科学。

4.1.2　有机化学

有机化学是研究有机化合物的来源、合成方法、组成、结构、性能、应用及有关理论的一门基础学科。

有机化合物简称有机物，指碳氢化合物及其衍生物。早期已知的有机物都是从生物体得到的，于是人们认为有机物只有在生物的细胞中受"生命力"的作用才能产生出来，对有机物的产生赋予了神秘的色彩。自 1828 年人工合成尿素后，有机合成得到迅速发展，"生命力"的观点逐渐失去影响，有机物和无机物之间的界线也随之消失。但历史上和习惯上沿用的"有机"这个名词，仍广泛地在化学中使用。在已知的由制备和分离所得的化合物品种中，有机化合物约占 90%。据地球化学测算元素丰度得知，碳在地壳中的含量按质量计只占 0.027%，数量很少，况且其中的 99.7% 以煤、甲烷和碳酸盐的形式存在，0.2% 在大气中以二氧化碳和甲烷的形式出现，剩余不到 0.1% 的碳构成地球上全部生命物种的主要物质基础，即有机化合物。碳能以很少的数量构成种类达数千万种的有机化合物，其关键在于碳原子间能形成丰富多彩的化学键，碳骨架的连接和成键情况与单质碳的结构密切相关。

单质的成键规律，在一定程度上在这些元素所形成的化合物中得到继承。所以可根据碳的三种晶态异构体的结构特征和成键规律,将有机化合物分成三族,如表 4.1.1 所示。

表 4.1.1　三族有机化合物的名称和通式

碳的异构体	相应有机化合物	通　式	典型代表
金刚石	脂肪族化合物	RX	C_nH_{2n+2}
石墨	芳香族化合物	ArX	C_6H_6
球碳	球碳族化合物	FuX	$C_{60}Br_6$

脂肪族化合物通式 RX 中,R 是脂肪烃基团,其中除饱和脂肪烃基团外,还包括烯和炔等不饱和脂肪烃基团,X 为置换 H 原子的各种基团。它的典型代表是烷烃(C_nH_{2n+2}),它的结构特征是由四面体取向成键的碳原子连接而成。芳香族化合物通式 ArX,Ar 为芳香烃基团,X 为置换 H 原子的各种基团。它的典型代表是苯(C_6H_6),它的结构特征是由多个按平面三角形成键的碳原子相互形成离域键,使它具有芳香性。球碳族化合物通式为 FuX,Fu 为球碳基团,X 为加成于球面上和包合在球体内部的各种基团。它的典型代表是含球形 C_{60} 基团的化合物。球碳基团的结构特征是由球面形成键的碳原子组成三维封闭的多面体。另外,球碳分子和其他试剂反应产生的各种开口多面体化合物,也属球碳化合物。

有机化学包括天然产物化学、有机合成化学、物理有机化学、元素有机化学、高分子化学、有机分析化学、生物有机化学、燃料化学等。有机化学与人的物质生活、工农业生产、医药卫生有密切关系,对药物、染料、香料、炸药、食品与营养素、高分子材料、高能燃料、石油与煤化学、日用品化学、农副产品利用等的发展起了奠定基础的作用,对发展经济、改善生活有极其重要的意义。复杂生命现象的研究对象主要是有机分子,因此有机化学的深入研究也为研究生物活性物质与解决生命科学的课题提供了必要的基础与条件。

　　生物有机化学是应用有机化学的理论和方法研究生命现象的化学本质,是当前非常活跃的前沿领域。它的主要研究对象是核酸、蛋白质和多糖三类生物大分子以及参与生命过程的其他有机分子,它们是维持生命运转的最重要基础物质。生物有机化学研究的前景广阔无比,粗略地归纳一下,重要的有下列几个方面:

　　(1) 从生物体中分离、提取得到生物大分子化合物的序列,进行分析和鉴定,测定结构和构象,了解它们的性质和功能。

　　(2) 从生物体中得到有机小分子的组成、结构和性能,并进行人工合成及其应用的研究。特别注意含量很低而活性很高的那些物种。

　　(3) 生物膜化学和信息传递的分子的化学。

　　(4) 生物催化的机理及体系模拟的化学。

　　(5) 光合作用中的化学问题。

4.1.3　分析化学

　　分析化学是研究分析方法及相关原理的学科,根据化学和物理学的原理,应用各种方法和仪器,用以鉴别和测定物质的化学组成、结构、存在形式及有关组分的含量等,即对物质进行表征和测量的科学。按其任务可分为定性分析、定量分析和结构分析。定性分析是确定组成物质的各组分"是什么",定量分析是确定物质中被测组分"有多少",结构分析是确定物质各组分的结合方式及其对物质化学性质的影响。按分析方法分为化学分析和仪器分析。

　　化学分析是指利用化学反应和它的计量关系来确定被测物质的组成和含量的一类分析方法,测定时需使用化学试剂、天平和一些玻璃器皿,它是分析化学的基础。20 世纪四五十年代以来,由于物理学和电子学的发展,促进了仪器分析的快速发展,使分析化学从以化学分析为主的经典分析化学转变为以仪器分析为主的现代分析化学。

　　仪器分析是现代分析化学的重要组成部分。它是利用比较复杂或特殊的仪器设备,通过测量能表征物质的某些物理或物理化学性质的参数及其变化,来确定物质的组成、成分含量及化学结构等的一类分析方法。仪器分析包括光学分析、电化学分析、色谱分析、热分析、放射化学分析以及质谱法和能谱法。仪器分析的产生为分析化学带来了革命性的变化，它具有下面的优点：

（1）灵敏度高。样品用量由化学分析的毫升、毫克量级降低到仪器分析的微升、微克量级，适用于微量、痕量和超痕量成分的测定。

（2）选择性好。很多仪器分析方法可以通过选择或调整测定的条件，使共存的组分在测定时不产生干扰，不必分离除去。

（3）操作简便，分析速度快，易于实现自动化，进行在线测定，便于及时反映和指导生产操作。在仪器分析化学中，化学传感器十分重要。

化学传感器是模仿人类感觉器官的人造仪器。它根据需要制造出来，对某些化学物种敏感，并能将其浓度转换为电信号进行检测，类似于人的嗅觉和味觉器官。例如一氧化碳传感器可检测居室或车间中一氧化碳的浓度，其检测灵敏度可低至百万分之几，远低于空气中允许存在的一氧化碳的浓度。人的鼻子等器官不能感受到一氧化碳的存在，常出现中毒或爆炸现象，但制造并安装一氧化碳传感器可以有效地防止一氧化碳中毒的发生。同样，制造和安装探测易爆的氢气、甲烷等的传感器，可以减少爆炸事故的发生。

在医治疾病时，化学传感器能够迅速测定人体血液或尿液中的糖含量，对医生诊断疾病大有帮助。

4.1.4 物理化学

物理化学是化学中一个内容十分广泛的分支学科,它是以物理学的原理和实验技术为基础,研究化学体系所遵循的规律的学科,是化学的理论基础,有时又称它为理论化学。物理化学的内容大体上可分为三个方面:

1. 化学热力学

化学热力学将物理学中的热力学基本原理,用于化学体系研究宏观平衡态的性质及规律。物理学中热力学所依据的基本规律是热力学第零定律、热力学第一定律、热力学第二定律和热力学第三定律。从这些定律出发,用数学方法加以演绎推论,结合热化学数据用以解决化学体系发生的化学变化和物理变化的方向和进行的限度问题。根据体系的物态和性质,它又有若干分支学科:热力学、电化学、溶液化学、胶体与表面化学等。

2. 化学动力学

化学动力学研究由于化学或物理因素的扰动而使体系中发生的化学变化过程的速度和变化机理。它的分支学科有:催化、分子反应动力学、光化学、分子动态物理化学和分子激发态谱学等。

3. 结构化学和量子化学

结构化学是将现代物理学中建立的物理理论和实验方法(例如光谱学、光的衍射原理和技术、固体物理学和量子力学等)

和化学融合在一起，用于研究原子、分子和晶体中的空间结构、电子状态和化学键等内容，归纳出物质在原子-分子水平上的微观结构规律、微观结构和宏观性能相互联系的规律，并将所得结果应用于化学各个分支学科中，包括晶体化学、无机结构化学、有机结构化学、量子有机化学、量子无机化学、超分子化学等。

量子化学是将量子力学的原理和方法应用于研究化学问题的一门基础学科。量子力学是根据电子、原子和分子等微观粒子具有波粒二象性的运动特征和运动规律，遵循它们的量子化特性和统计性特征建立起来的。1929 年，德国人海特勒（W. Heiter，1904—1981）和伦敦（F. London，1900—1954）首次用奥地利人薛定谔（E. Schrödinger，1887—1961）的方程计算最简单氢分子的能量和电子能级，获得很大的成功，这是量子化学学科的开创性工作。量子化学已成为现代物质结构理论的基础。量子化学的主要内容是通过求解微观体系的薛定谔方程，得到原子及分子中电子运动和核运动的波函数及相应的能量，揭示它们相互作用的图像及化学键的本质，解释各种图谱对应的微观结构，了解分子的稳定性及化学反应机理，说明结构和性能的关系。随着新的理论和计算技术的发展，量子化学在化学领域中的作用日益增长。量子化学是发展各个新兴的化学分支学科的重要理论基础，是指导化学家去开发和制备各类新材料的依据。

下面以物理化学诸多分支学科中的三个为例,说明物理化学与国计民生密切相关,也和物理学、生命科学、医药科学、材料科学、地学、冶金学等有着广泛而密切的联系。

(1) 电化学

电化学,涉及电流与化学反应的相互作用,以及电能与化学能的相互转化。这些效应都是通过电池来实现的,故电化学实为电池的科学。电池包括电极和电解质两部分,其基础内容相应分为电极学(电极的热力学和动力学)和电解质学(电解质的热力学和动力学)两方面。电化学的应用领域广泛,如电解、电镀、化学电源、金属腐蚀等,这些都属于电化学工业(电化工)。

随着我国科学技术的发展和人民生活水平的提高,蓄电池的制造已成为发展快速而极为重要的新兴产业。下面以两个例子说明:第一,中国人手中拥有的手机量已超过 8 亿个,每个手机都有一个蓄电池供应电能,仅此一项可见所需蓄电池的数量之多。第二,"绿色汽车"和"电动汽车"已在城市中行驶,降低原来用汽油、柴油汽车排放的二氧化碳和氮氧化物。绿色汽车开动时所需能量靠车内的蓄电池提供。这种车用蓄电池所需功率大、耗电多。这种汽车所用的蓄电池及其供电系统成为制造汽车的核心内容。

(2) 催化

催化是催化作用的简称,是指化学家以催化剂为魔杖,指挥化学反应,使其沿着指定的途径进行,生产出所需的产品,还根据需要加速或放慢化学反应进行的速度。催化已在化学的各个分支学科中广泛地应用。下面通过一些应用实例介绍催化学科的内容。无机化学家制备出铁催化剂将 N_2 和 H_2 合成 NH_3,生产价廉、物美的氮肥,使粮食丰收,惠及亿万人民。有机化学家在石油炼制过程中用催化剂将重油裂解生产出航空汽油,提高油品的价值。食品专家寻找出宝贵的酒曲作催化剂,酿造出高品位的好酒。药物学家筛选出合适的酶作催化剂,以葡萄糖为原料合成出价格低廉、具有特定立体结构、适合人们服用的维生素 C。可见,催化作用已使化学家"变化"出丰富多彩的产品。还有许多问题,例如减缓高分子材料的老化、减慢人体衰老过程、延长人体寿命等,都有待催化去实现。

(3) 晶体化学

晶体化学又称结晶化学。它是晶体学和化学结合形成的交叉学科,是研究晶态物质的化学。它也是研究晶体的制备、组成、结构、性能和应用的科学。晶体结构具有空间点阵式的周期性结构,在晶体中原子的排列相对稳定。近一个多世纪以来,科学技术的发展已为深入精确地研究晶体的结构提供了符合实际的理论、有效的方法和先进的仪器设备,快速而精确地测定晶体结构,为在原子水平上探讨晶体的结构、性质及其应用提供了全面的微观结构数据。它涉及无机化学、有机化学、生物化学、矿物学等基础学科及相关的固体化学和材料化学,成为现代化学的重要基础,也是材料科学和生命科学深入发展的重要支柱。

4.1.5 生物化学

生物化学是研究微生物、植物、动物、人体等有机生物体的化学组成和生命过程中的化学变化规律的一门科学,主要内容包括研究和探讨生物体的化学组成;研究蛋白质、糖类、脂类、酶类、核酸等生物大分子以及辅酶、激素、抗生素等小分子的化学结构、性质及其生理功能;研究这些生物分子在生物体内不断转化的代谢过程以及伴随其中的能量利用和转化的规律;研究生物体生长、发育、繁殖的机制,特别是从分子水平认识遗传信息传递的规律;研究机体各种生物化学变化过程的调节机制以及代谢紊乱和遗传缺陷与人类各种疾病的关系。特别是脱氧核糖核酸(DNA)双螺旋结构的阐述、遗传密码的发现和遗传信息传递的中心法则的确定,揭示了生物代谢、生长发育与遗传的内在联系,使生物化学成为现代生物科学的一门新兴的、最具活力的学科,标志着生命科学进入了一个新的发展时期。生物化学研究借助于化学及物理学的原理和方法,以及包括遗传学、微生物学、细胞学、免疫学、分子生物学和生物信息学等生物学的方法。目前许多现代物理学方法,如光谱分析、X 射线衍射、核磁共振、电子显微镜、同位素标记等技术的引入对生物化学研究的深入发挥了重要作用。特别是计算机技术的应用,对大量生物信息的储存、利用、管理和开发作出特殊的贡献。最新的生物芯片技术的应用和发展,将突破原有生化研究的模式,推动生物化学的迅速发展。

4.1.6 水的化学

水是由两种元素组成的分子量最小的三原子分子;水是地球上数量最多的分子型化合物,约覆盖地球表面 70% 的面积;水是一种性能最为独特奇异的化学物质;水是和生命物质关系最为密切、最不可缺少的化合物;水是化学工业生产中最常用的试剂和溶剂。上述几个"最"反映出水在自然科学,特别是在化学中的重要性。

1. 水的结构和物理性质

水的化学式为 H_2O,分子量为 18.0。水分子呈弯曲形,O 原子在中心分别向外和 2 个 H 原子以共价键结合,O—H 键长为 95.72 pm(皮米,10^{-12} m),$\angle H—O—H$ 键角为 104.52°,如图 4.1.1(a)所示。O 原子有 6 个价电子,其中 2 个分别和 H 原子以共价键结合,剩余两对孤对电子。H_2O 分子中的 O 原子周围的 4 对价电子的分布呈四面体形,如图 4.1.1(b)所示。

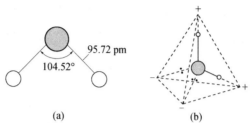

(a)   (b)

图 4.1.1 (a) H_2O 分子的结构,(b) H_2O 分子电荷分布的四面体形式

    水分子的两个 H 原子指向四面体的两个顶点,呈正电性(+),O 原子的两对孤对电子指向四面体的另外两个顶点,呈负电性(−),所以 H_2O 是极性分子。气态分子的电偶极矩为 6.17×10^{-30} C·m(库[仑]·米)。

    极性水分子中正电性的一端常和另一个水分子中负电性的一端结合,形成 O—H⋯O 或 O⋯H—O 氢键。氢键的结合力介于共价键和范德华引力之间,不论水处于液态或结晶成固态的冰,分子间都有氢键作用将它们结合在一起。分子间的氢键作用力使水具有很特殊的物理性质,如表 4.1.2 所列。

    水的沸点和冰的熔点都很高,将它和分子量相近的甲烷(CH_4)相比,水的沸点为 100℃,甲烷的沸点为 −161.5℃,两个化合物的沸点相差 261.5°。冰的熔点为 0℃,甲烷的熔点为 −182.4℃,两种化合物熔点相差 182.4°。两种化合物各自的熔点和沸点间的差距明显不同,H_2O 达 100℃,而 CH_4 只有 21.1℃,这些差别都因两种分子的分子间作用力不同所致。

表 4.1.2　水的物理性质

沸点/℃	100.0
熔点/℃	0.0
水的密度/$(g \cdot cm^{-3})$	1.00000(4℃)
	0.99987(0℃)
冰的密度/$(g \cdot cm^{-3})$	0.9168(0℃)
比热容/$(J \cdot g^{-1} \cdot K^{-1})$	4.18(25℃)
水的蒸发热/$(kJ \cdot mol^{-1})$	40.63(100℃)
水的熔化热/$(kJ \cdot mol^{-1})$	6.0
冰的升华热/$(kJ \cdot mol^{-1})$	51.0

　　常压下,水冷至 0℃ 以下,结晶成日常见到的冰、霜、雪。在冰中每个 H_2O 分子都和周围 4 个 H_2O 分子通过 O—H…O 氢键结合,如图 4.1.2 所示。注意冰中 H 原子无序地分布,即对每个氢键存在 O—H…O 与 O…H—O 的概率相等。冰中 O—H…O 氢键键长平均为 276 pm,键能为 27 kJ · mol^{-1}。冰的晶体结构属六方晶系,具有六重轴对称性。冰中水分子间氢键的变化,使得在天空中自由生长的雪花外形丰富多彩、变化无穷。图 4.1.3 示出几种雪花的形状。天上降落的雪花,其形状没有两朵是完全相同的。但是不论雪花外形怎样变化,其内部结构的六重对称轴决定雪花都具有六重对称性的特点不会改变。

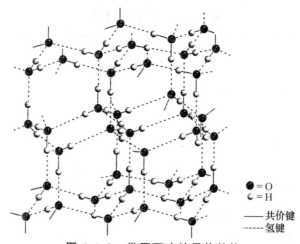

图 4.1.2 常压下冰的晶体结构

图 4.1.3 雪花的形状

冰的密度为 $0.9168\,g\cdot cm^{-3}(0℃)$,比水的密度 $0.99987\,g\cdot cm^{-3}(0℃)$ 要小。冰是浮在水面上的,导致水的结冰是从水面开始自上而下进行,这不同于一般结晶物质沉在底部。正是冰的这一特点有利于水中动植物的生长,得以平安地度过寒冷的冬天。但是也要注意,水结冰时体积膨胀会导致冬天室外水管和汽车散热器常常因冰冻而破裂,要及时进行保温等预防措施。

水在 0℃到 4℃之间,随着温度的上升而体积缩小,密度增加,到 4℃时达到 $1.0000\,g\cdot cm^{-3}$。冰在这温度区间出现的热缩冷胀现象,和一般物质的热胀冷缩规律是相反的。从水的内部结构看,在此温度区间随着温度上升,分子振动加剧,破坏部分还处于冰结构的氢键,使它变成水,密度增大,体积缩小。

水分子间的氢键结构,使它的比热容(或简称比热)数值很高,达 $4.18\,J/(g\cdot℃)$。液态水是已知的液体中比热最高的物质之一,原因在于冰化为水只破坏部分氢键,仍保留大量分子间的氢键,使分子不能自由运动。水的高比热使它成为一种特别优异的冷却剂和蓄热剂。水的高比热性能在调节气候中起重要作用。在缺水的干旱沙漠地区,夏天太阳照射地面,温度会迅速上升,到夜晚太阳落山,气温迅速下降,昼夜温差很大。反之,在沿海或水乡地区,昼夜温差值要小得多。

冰的升华热大,说明冰中分子间的氢键作用力强,在升华时要得到更多的热能才能完全破坏这些氢键。冰的熔化热较小,说明冰熔化时只是一小部分(约 15%)的氢键断裂。随着温度升高,吸收能量,使氢键逐渐断裂,所以水的比热容很大。在沸点时,液态水中依然存在相当数量的氢键,因而蒸发热较大。

2. 水是化学反应的一种重要溶剂和试剂

许多化合物在水中的溶解度比较大,海水中溶有大量的 $NaCl$、KCl、$CaCl_2$、$MgCl_2$ 等无机盐。世界海洋其大无比,互相连通,海洋中的化学成分基本恒定,其中离子成分的平均数量列于表 4.1.3。

表 4.1.3 海水中的离子成分
[每千克海水中所含离子的质量(以克计)]

Cl^-	19.33	HCO_3^- 和 CO_3^{2-}	0.106
Na^+	10.76	Br^-	0.067
SO_4^{2-}	2.71	Sr^{2+}	0.01
Mg^{2+}	1.29	$H_2BO_3^-$	0.0027
Ca^{2+}	0.412	F^-	0.001
K^+	0.40		

内陆盐湖含盐量和大海不尽相同,一方面是由于水分蒸发,含盐度上升;另一方面盐湖周围地表水和雨水溶解当地地表的矿物成分,注入盐湖逐渐积累,使一些盐湖含盐量上升,甚至湖底含有大量盐矿,成为盐湖的矿物资源。例如,我国青海的柴达木盆地盛产 $NaCl$、KCl 和硼酸盐、硫酸盐。

由上表可见,海水含有大量无机盐,它是人们生活所需的盐资源,也是化工生产的重要原料。但是海水含盐量若超过 3.5%,对鱼类等海洋动物的生存具有制约作用,只有少量动物经过长期的进化演变才可以适应。对人类而言,海水含盐量太高不能直接饮用,也不适用于工业生产,海水淡化处理是一项重大的化学工程。

　　水作为化学反应和生命物质的溶剂或试剂时,了解水溶液中包含 H^+ 和 OH^- 的浓度极为重要,在纯水或水溶液中,H_2O 分子具有少量的解离性能:

$$H_2O \Longrightarrow H^+ + OH^-$$

在室温(25℃)时,水的离子积常数 K_w 的数值为:

$$K_w = [H^+][OH^-] = 1.008 \times 10^{-14} \text{ mol} \cdot \text{dm}^{-3}$$

由此可得纯水在室温下 H^+ 的浓度 $[H^+]$ 和 OH^- 的浓度 $[OH^-]$ 为:

$$[H^+] = [OH^-] = 10^{-7} \text{ mol} \cdot \text{dm}^{-3}$$

在化学中,通常对 H^+ 浓度值不用上述指数式表示,而用 pH 表示:

$$pH = -\lg[H^+]$$

纯水的 pH 为:

$$pH = -\lg[H^+] = -\lg(10^{-7}) = 7$$

在酸性水溶液中,$[H^+] > 10^{-7} \text{ mol} \cdot \text{dm}^{-3}$,可得 pH $<$ 7。pH 减小,酸度增加,pH 降低 1 个单位值,H^+ 浓度 $[H^+]$ 增大 10 倍。

　　水溶液中不可能只有 H^+ 而没有 OH^-,反之亦然。但它们的浓度要符合 $[H^+][OH^-] = 1 \times 10^{-14}$。例如 $[H^+]$ 为 $1 \times 10^{-5} \text{ mol} \cdot \text{dm}^{-3}$ 时,$[OH^-]$ 为 $1 \times 10^{-9} \text{ mol} \cdot \text{dm}^{-3}$。

正常人体血液的 pH 为 7.4，即它略带碱性。胃中分泌的胃液呈酸性，pH 在 2～4 之间。醋和柠檬汁的 pH 在 2.0～2.5。

在大气中，因 CO_2 含量高，下雨时 CO_2 溶于水，并和水发生化学反应：

$$CO_2 + H_2O \longrightarrow H_2CO_3$$

$$H_2CO_3 \rightleftharpoons H^+ + HCO_3^-$$

通常雨水呈弱酸性，pH 介于 5～6 之间，若测得雨水的 pH＝5，表明下降的雨水 H^+ 浓度增高到 10^{-5} mol·dm^{-3}。

3. 水对生物体的作用

水是一切生物必要的生存条件，这里的生物包括动物、植物、微生物，人是进化最高阶段的生物体。水是生命的源泉，人们判断某个星球中是否有生命存在的依据，首要的标准就是该星球是否有水存在，有液态水存在才可能有生命。

水是组成人体的主要化学物质，按整个人体质量计，水超过半数。根据生物学和医学的统计，儿童身体中水占 75％，成年人占 50％～65％，人体中各个器官含水量不同，大脑中水占 80％以上，血液中水占 83％，骨骼中水占 20％。水维持着人体的各种生理功能：消化吸收、分泌排泄、呼吸循环、皮肤蒸发等都必须通过水参与其中的生理过程。人体如果失去体重 10％的水，生命就难以维持。

生物体由数量很多的各种类型的细胞组成，细胞有细胞膜和细胞质。细胞膜一般对体积很小的水分子是畅通的，而对各种生物质，如蛋白质、糖类及核酸等分子和金属离子配位化合物等，则选择性地为它们开门进出。进入细胞内部的分子和离子在细胞内部的水溶液中相互发生化学反应，生成新的化合物，通过细胞膜输出到生物体的其他器官进行新的生物化学作用，执行新的生物功能。细胞处在水为主体的溶液中运行，即细胞膜内外整个细胞都和水有密切的关系。

由于水分子除了可以和生物体中的 N 和 O 等原子之间形成 O—H…O 氢键外，还可以形成 N—H…O 和 O—H…N 氢键，这些氢键对蛋白质、糖类以及核酸的结构和构型、构象的变化起着重大的作用。水不仅是生物化学反应的溶剂，还是所有生物化学反应的参与者。

水在人体中起溶剂作用的功能可从人体的呼吸过程来理解。血浆是多种可溶性生化物质组成的水溶液，当吸入肺中的氧气溶于血浆，氧气和血红蛋白结合在一起，通过血液循环输送到其他器官，使氧气和相关的营养物质，如糖类进行氧化反应，产生 CO_2、H_2O 和其他产物及废物，放出热量供人体维持一定的温度。溶于血浆中的 CO_2 通过肺部的呼吸作用，从呼吸道排出体外；反应产生的残渣输送到消化器官，通过尿液和粪便排出体外。

水溶液中的各种离子在细胞内部的溶液中相互发生化学反

应,生成新的化合物,通过细胞膜输出到生物体其他区域进行新的生物化学反应,产生新的生物功能。

4.2 化学的什么

4.2.1 化学物质及常用名称

1. 化学物质

化学物质(chemical substance)是指原子或原子通过化学键结合而成的各种物质。它们包括中性的单个原子、多个原子组成的分子、原子基团、带电的正负离子,它们可以是人工合成或天然存在的,可处在气态、液态和固态,以及以基态、激发态、吸附态等形式存在的纯化合物或混合物,可将这类物质冠上化学两个字。对于其他一些物质,例如光子、电子、中子、夸克等亚原子微粒及其聚集体,宇宙中的中子星、黑洞、核聚集体以及电磁场和引力场等物质形态,由于它们不是以原子为结构单元所组成,应排除在化学物质之外,称它们为非化学物质。

由于化学物质可以以多种形态存在,进行化学反应时,可能是中性的原子或分子,或带电的离子,或吸附在某个基体表面上的基团,不好确定地称它为原子、分子或离子,这时可用**化学物种**(chemical species)这个名称。化学物种是泛指由原子组成、能相对稳定地存在的原子、分子、离子、自由基、簇合物、化合物、超分子等化学实体。

2. 化学品

化学品(chemicals)是化学药品和化学物品的简称。通常是指整体地或部分地经过化学反应工艺处理所得的产品,将它用在化学工业生产和科学研究中,作为原料或成为产品。它包括单质和化合物以及日常生活中用到的化学药品。2001 年美国生产的工业化学品(industrial chemicals)中数量最多的前 20 种列于表 4.2.1 中。

表 4.2.1　2001 年美国生产的数量最多的
前 20 种工业化学品的名称和产量

名　　次	化学品	产量/(10^9 kg)
1	氯化钠,NaCl	45.1
2	硫酸,H_2SO_4	36.3
3	磷酸盐矿石,MPO_4	34.2
4	氮气,N_2	29.4
5	乙烯,$H_2C\!=\!CH_2$	22.5
6	氧气,O_2	21.6
7	石灰,CaO	18.7
8	丙烯,$H_2C\!=\!CH\!-\!CH_3$	13.2
9	氨气,NH_3	11.8
10	氯气,Cl_2	10.9
11	磷酸,H_3PO_4	10.5
12	碳酸钠,Na_2CO_3	10.3
13	氢氧化钠,NaOH	9.7

名　次	化学品	产量/(10^9 kg)
14	二氯乙烷,ClH_2C—CH_2Cl	9.4
15	硫黄,S_8	9.2
16	硝酸,HNO_3	7.1
17	硝酸铵,NH_4NO_3	6.4
18	苯,C_6H_6	6.4
19	尿素,$(NH_2)_2CO$	6.4
20	乙基苯,$C_6H_5(C_2H_5)$	4.7

3. 化学试剂

化学试剂(chemical reagent)是指供化学研究实验、分析化验和教学使用的纯化学物质。它的品种已多达上万种,按其组成和结构常分为无机试剂、有机试剂和生化试剂(有时也将它并入有机试剂中)。按其用途又可分为标准试剂、通用试剂、特效试剂、指示剂、溶剂、仪器分析专用试剂、高纯试剂、有机合成基础试剂、生化试剂、临床试剂、电子信息工业专用试剂、教学实验用试剂等。我国对实验室通用试剂的纯度等质量标准的制定有4 种规格:

(1) 优级纯或一级品。符号 GR,绿色标签,用于精密分析实验。

(2) 分析纯或二级品。符号 AR,金光红色标签,用于一般分析实验。

（3）化学纯或三级品。符号 CP,蓝色标签,用于一般化学实验。

（4）生化试剂。符号 BR,咖啡色或玫红色标签,用于生物化学实验。

4.2.2　化学键

1. 什么是化学键

1994 年,我在《百科知识》杂志上发表了一篇文章,标题是"化学键:它把原子结合成世界",其内容是说明化学键是将原子结合成物质世界的作用力。化学键有强弱之分。共价键、离子键和金属键是三种强的典型的化学键,它们是在分子或晶体中,将两个或多个原子相互结合在一起的作用力,导致原子(或离子)形成相对稳定的分子和晶体。分子之间以及分子以上层次的超分子和其他各种有序和无序的聚集体,则是依靠氢键、静电相互作用、疏水相互作用和范德华引力等较弱的作用力,将分子结合在一起,这些弱的相互作用其作用能比强化学键的键能小 1～2 个数量级,称它们为次级键。由于键型变异及结构的复杂性,在一种单质或化合物中,常常包含多种类型的化学键。若将共价键、离子键、金属键和次级键等 4 种不同键型排列在四面体的 4 个顶点上,则构成化学键键型四面体,如图 4.2.1 所示。根据单质或化合物中存在的化学键类型,可以标出该单质或化合

物在图中的位置。石墨晶体的位置处在由共价键、金属键、次级
键组成的三角平面中心,表明石墨晶体是由这三种型式的化学
键将C原子结合在一起。

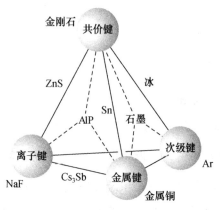

图 4.2.1　键型四面体

2. 共价键

共价键是指由 A 和 B 两个原子共用一对自旋相反的电子互
相吸引而形成的化学键。每一对自旋相反的电子形成一个共价
单键,常用 A—B 表示。若 A 和 B 两个原子共用两对或三对电
子,形成的化学键称为共价双键或三重键,以 A=B 或 A≡B 表
示。按分子轨道理论,当两个原子互相接近时,它们的原子轨道
互相叠加组成分子轨道,电子进入成键轨道,体系的能量降低,
形成稳定的分子,此即原子间通过共价键结合成分子。由于原
子轨道在空间按一定的方向分布,成键方向叠加最大,所以共价
键具有明显的方向性。图 4.2.2 示出若干分子中的共价键。

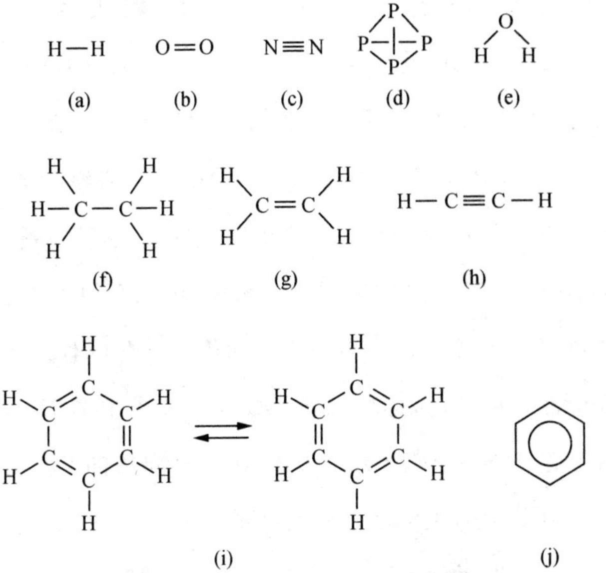

图 4.2.2　一些分子中的共价键

（a）H_2，（b）O_2，（c）N_2，（d）P_4，（e）H_2O，（f）C_2H_6，（g）C_2H_4，（h）C_2H_2，（i）C_6H_6 共振结构式,（j）C_6H_6 简化式

在共价键中,通过键轴方向不存在节面的分子轨道称为 σ 轨道,由 σ 电子形成的共价键称为 σ 键。通过键轴方向存在一个节面的分子轨道称为 π 轨道,由 π 电子形成的共价键称为 π 键。通过键轴方向存在两个互相垂直的节面的分子轨道称为 δ 轨道,由 δ 电子形成的共价键称为 δ 键。共价单键通常是 σ 键。共价双键中一根是 σ 键,另一根是 π 键。共价三键中,一根是 σ 键,另两根是 π 键。共价四键中,一根是 σ 键,两根是 π 键,还有一根是 δ 键,如 $Re_2Cl_8^{2-}$ 中存在 $Re\!\equiv\!\!\equiv\!Re$。

在共价键中，电子局限在两个原子的区域，称为定域键。由多个原子参与形成的化学键称为离域键。离域键有的是缺电子多中心键，如 B_2H_6 中有两个弯曲的 B—H—B 三中心二电子（3c-2e）键。大量存在于芳香族有机分子中的多中心键为离域 π 键，如苯分子中 6 个 C 原子和 6 个电子形成的 π_6^6 离域 π 键。

由不同种类原子之间形成的共价键，因两个原子吸引电子的能力不同，整个化学键的正电荷重心和负电荷重心不重合，这种共价键称极性共价键，简称极性键，如 HCl 分子中的 H—Cl 键，H 原子端显正电性，Cl 原子端显负电性。由同核的两个原子形成的双原子分子中的化学键是非极性键。

两个成键原子间电子云分布的极大值偏离两原子间连线的化学键，成键电子云的分布呈弯曲形。这种化学键称为弯键。例如，四面体形 P_4 分子中电子云极大值处在 P—P 键外侧，形成的化学键是弯键。

3. 金属键

金属键的形成是由于金属元素的电负性较小，电离能也较小，金属原子的外层价电子容易脱离原子核的束缚，而在金属晶粒中由各个正离子形成的势场中比较自由地运动，形成自由电子或称离域电子。这些在金属晶粒中运动、离域范围很大的电子和正离子吸引胶合在一起的作用力，称为金属键。纯金属或合金不论是固态或熔融态，都存在这种自由电子和正离子，原子间的结合力都是金属键。金属键没有方向性，每个原子中电子的分布基本上呈球形，自由电子的胶合作用将使球形的金属原子作紧密堆积，形成能量较低的稳定体系。金属具有良好的导电性和传热性，和金属键的自由电子密切相关。金属优良的延展性和金属光泽，以及金属容易形成各种成分的合金等性质都决定于金属键的特性。金属晶体的结构可看作球形原子堆积密度大、配位数高、能充分利用空间的结构。金属单质的等径圆球密堆积的结构类型最常见的有：

立方最密堆积（ccp）　如图 4.2.3（a）所示，在常温常压下 Cu、Ag、Au、Al、Ca、Sr、Ni 等 16 种金属采用这种结构。

六方最密堆积（hcp）　如图 4.2.3（b）所示，在常温常压下 Be、Mg、Ti、Zn、Sc、Er 等 20 多种金属采用这种结构。

双六方最密堆积（dhcp）　如图 4.2.3（c）所示，在常温常压下 La、Ce、Pr、Nd 等 10 种金属采用这种结构。

体心立方密堆积（bcp）　如图 4.2.3（d）所示，在常温常压下 Li、Na、V、Fe 等 13 种金属采用这种结构。

注意，在有些化合物中，金属原子间形成金属-金属键，例如 $(CO)_5Mn—Mn(CO)_5$ 分子中存在 Mn—Mn 共价单键，$(C_5Me_5)(CO)Co＝Co(CO)(C_5Me_5)$ 分子中存在 Co＝Co 共价双键，$(C_5H_5)(CO)_2Cr≡Cr(CO)_2(C_5H_5)$ 分子中存在 Cr≡Cr 共价三键。它们都是共价键，而不是金属键。

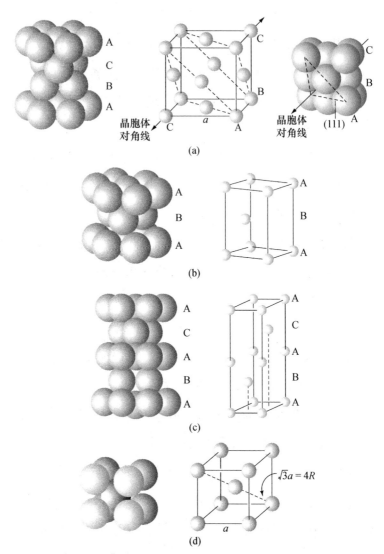

图 4.2.3　等径圆球密堆积的结构

4. 离子键

离子键是指正、负离子以它们所带的正、负电荷间的静电吸引力而形成的化学键,又称静电键。它一般由电负性较小的金属元素和电负性较高的非金属元素化合形成,例如金属钠和氯气反应,形成氯化钠晶体,在其中 Na^+ 和 Cl^- 之间的化学键即为离子键。离子键的强度正比于正负离子电价的乘积,而和正负离子间的距离成反比。由于离子的极化变形等原因,键型发生变异,离子间的结合力常含有部分共价键,纯粹由静电作用的离子键较少。离子化合物常温下通常是以晶体状态存在。图 4.2.4 示出 NaCl(a)和 CsCl(b)的晶体结构。在 NaCl 结构中,每个 Na^+ 周围有 6 个 Cl^-,每个 Cl^- 周围有 6 个 Na^+;在 CsCl 结构中,每个 Cs^+ 周围最邻近的有 8 个 Cl^-,每个 Cl^- 周围有 8 个 Cs^+。NaCl 的晶体结构也可看作 Cl^- 作立方最密堆积[如图 4.2.4(a)],Na^+ 填在密堆积的八面体空隙中形成。

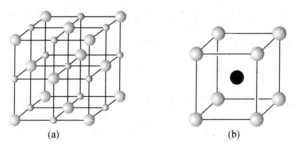

(a)　　　　　　　　(b)

图 4.2.4　NaCl(a)和 CsCl(b)的晶体结构

根据 NaCl 晶体中的离子键结构,可以解析它所具有的性质:① NaCl 晶体是由 Na^+ 和 Cl^- 交替排列而成,并不存在 Na—Cl 双原子分子。准确地说,不应称 NaCl 为分子式,而应称为化学式。② Na^+ 和 Cl^- 间的接触距离为 282 pm,为推得离子的大小提供可靠的实验数据。③ NaCl 晶体溶于水的过程是晶体中正负离子水化的过程,不是中性 Na—Cl 分子离解过程。溶液中由于存在 Na^+ 和 Cl^- 离子而能导电。④ NaCl 晶体的熔点较高(801℃),这是由于它结构中每个离子都被异性离子包围吸引,而不存在特别薄弱的环节。⑤ NaCl 晶体中离子的位置固定,是绝缘体,不导电;当熔化后,带电的 Na^+ 和 Cl^- 在熔体中能各自向相反方向迁移导电。

5. 氢键

氢键是除共价键、离子键和金属键三种强键外,弱键中的强者,它通常用 X—H…Y 表示,其中 X、Y 均为电负性较高的原子,即 F、O、N、Cl 等。当 H 原子和 X 原子形成共价键 X—H 时,由于 X 原子的电负性高,吸引价电子的能力较强,电子靠近 X 原子,使 H 原子带有部分正电荷。带部分正电荷的 H 原子遇到带有孤对电子而电负性较强的 Y 原子时,H…Y 间存在着较强的静电吸引力以及部分共价键的作用力,使它们之间接触距离缩短,吸引力加强,这种原子间的作用和 H、X、Y 三个原子都有关系,故用 X—H…Y 表示。氢键的键长是指 X 和 Y 之间的距离,而不是 H…Y 的距离。

早在 20 世纪三四十年代,美国结构化学家鲍林(L. Pauling, 1901—1994)等从测定冰等化合物的晶体结构及冰的升华热等数据,提出氢键的重要性。在他所著的《化学键的本质》中,提出分子间趋向于尽可能地生成氢键,以降低化合物的能量,增加稳定性。他还用这个观点研究蛋白质的分子结构,提出蛋白质中多肽链通过氢键形成 α-螺旋体和 β-折叠层的结构模型,在以后测定的蛋白质结构中得到了证实,这对于蛋白质结构的认识起了很大的作用。到 20 世纪 50 年代,沃森(J. D. Watson,1928—)和克里克(P. H. C. Crick,1916—2004)提出脱氧核糖核酸(DNA)双螺旋结构,正是氢键结构的范例,开辟了生物化学、分子生物学和基因工程等新领域。在 DNA 双螺旋中,有机碱的腺嘌呤(A)、鸟嘌呤(G)、胸腺嘧啶(T)和胞嘧啶(C)通过氢键结合成对:

$$A:::T \quad 和 \quad G:::C$$

这两对的氢键专一互补配对作用的规律,是 20 世纪自然科学最重要的发现之一。

4.2.3 化学武器

化学武器是指由具有毒性的化合物或混合物,以其毒害作用制成的具有杀伤力的武器。它不同于炸药用以制作枪弹和炸弹,不同于烟雾剂用以制造烟雾弹,也不同于汽油用于制作燃烧弹和凝固汽油弹。第一次世界大战期间,德国军队在与英法联军作战中,首次利用了氯气弹,开创使用化学武器的先例。下面分别举几个化学武器所用材料的情况。

1. 光气

光气学名碳酰氯。这是第一次世界大战时使用的窒息性化学武器。1915 年德国军队使用光气的第一天,有 1000 多人中毒,两天内死去 146 人,幸存者长年累月忍受折磨。1917 年,英国军队也用液态光气做成的炸弹回击德军,当炸弹炸开,炸弹中的液体光气汽化为烟雾,除许多士兵中毒外,运送辎重的马匹、树上的鸟以及壕沟里的老鼠等生物也都中毒死亡。

光气   芥子气

2. 氰化物

氢氰酸(HCN)、氰化钾(KCN)和氯化氰(CNCl)等氰化物是剧毒物质,也是重要的工业原料,用作配位体及合成其他产物的中间体。第二次世界大战期间,希特勒纳粹分子曾用氰化物一类全身中毒性毒剂杀死集中营中 250 万名战俘和平民。

3. 芥子气

芥子气学名为二氯二乙硫醚。纯品为无色油状液体,有大蒜味。芥子气为糜烂性毒剂,1917 年德国军队曾经使用它,使受害者角膜发炎,眼睛丧失视力,咽喉酸痛,呼吸困难,皮肤灼伤、出现水泡糜烂。1986 年在两伊战争中伊拉克的萨达姆曾用芥子气攻击伊朗士兵,致使 8500 多名士兵和平民丧生。日本在侵华战争也用过这种化学武器,1945 年投降后没有销毁,也没有交待罪恶事实,甚至还将它掩埋到地下。2003 年黑龙江省齐齐哈尔市工人在挖掘地基时挖出 5 个储芥子气的金属桶,因不知道它是毒物,在拆卸过程中发生泄漏,致使 43 人不幸中毒,其中 1 人死亡。

4. 沙林

沙林学名甲氟膦酸异丙酯。无色液体,神经性毒剂。能被 $NaOH$ 或 Na_2CO_3 碱性溶液水解成无毒的化合物。沙林没有在战争中大规模使用过,但是在 1995 年 3 月 20 日,邪教组织奥姆真理教用它在东京地铁发动攻击,致使 6000 余人中毒,即使抢救及时,也有 12 人死亡,14 人终生瘫痪。

沙林　　　　　　　　　　毕兹

5. 毕兹

毕兹学名二苯基羟乙酸-3-奎宁环酯。毕兹为失能性毒剂。白色或黄色粉末,不易溶于水,易悬浮分散在水中。人吸入毕兹气溶胶,会出现一系列中毒症状:口、鼻、喉有焦灼感,皮肤干燥潮红,不能走动,不能准确回答问题,士兵失去战斗能力。

1965 年、1969 年和 1970 年,美军在越南战争期间多次使用毕兹毒气弹,使越南守军丧失战斗能力,美国军队趁机发动攻击,占领阵地,并将越军刺死。

现在,禁止化学武器已成为世界人民的共同呼声。1992 年第 41 届联合国大会一致通过了《关于禁止发展、生产、储藏和使用化学武器及销毁此种武器的公约》。1997 年正式生效。

4.2.4 化学治疗

化学治疗简称化疗。通常是指对病原微生物、寄生虫、恶性肿瘤所致疾病的化学药物治疗。目前多指肿瘤化疗,即应用药物治疗恶性肿瘤。虽然各类化疗药物对肿瘤细胞作用机制不同,但总的目的是要抑制肿瘤细胞的无限增殖,达到控制癌症的发展和治疗目的。抗癌药物进入人体后迅速分布到全身,既可杀灭局部的肿瘤也可杀死远处转移的肿瘤,因此化疗是一种全身性的治疗。化疗是治疗癌症的多种方法之一,对于那些有全身扩散倾向以及中晚期肿瘤是主要治疗手段。多数情况下,化疗需与手术、放疗联合使用。化疗的效果取决于肿瘤的类型和病况。有的可以治愈,更多的是抑制肿瘤生长和扩散,延长生存期。药物在杀伤肿瘤细胞的同时,也会对正常细胞和组织造成损害,产生较大的毒副作用,如免疫功能下降、白细胞减少、消化道黏膜溃疡、脱发等。所以化疗都是分次进行,即多疗程治疗。通过疗程后的间歇,让正常细胞得到修复和恢复,配合饮食调理、营养的补充,使病人能坚持完成计划的化疗周期,达到应有的疗效。化疗药物来自植物和人工合成,已超过数十种。现阶段临床使用的抗癌药物可分为:① 烷化剂,如环磷酰胺等;② 抗代谢物,如甲氨喋呤、氟尿嘧啶;③ 抗肿瘤抗生素,如丝裂霉素;④ 激素类的抗癌药,如甲羟孕碱、甲地孕酮;⑤ 植物成分的抗癌药,如长春新碱、长春地辛、香菇多糖;⑥ 其他抗癌药及辅助治疗药,如顺铂、卡铂、干扰素等。近些年来,靶向药物已经取得一定成果。靶向药物治疗就是使药物瞄准肿瘤部位,使局部保持较高的浓度,延长药物作用时间,提高对肿瘤的杀伤力;而对正常组织细胞的作用小,相对毒副作用弱,大大减轻病人痛苦,明显提高疗效。最新的分子靶向药物利用肿瘤细胞与正常细胞之间分子生物学上的差异(包括基因、酶、信号传导等不同特性),通过调节细胞增殖的信号传导和调节血管生成的传导途径等作用,抑制肿瘤细胞的生长增殖,直至最后杀灭。这类化疗药物疗效更好,副作用更少,是非常有前途的化疗药物。

在讨论化学治疗,特别是化学治疗癌症时,人们心里常出现两个问题:一是化学致癌物,另一个是化学恐惧症。下面分别加以介绍。

1. 化学致癌物

化学致癌物是指能使人类或哺乳动物的机体诱发癌症的化学物质。经动物致癌实验证实,有致癌作用的化学致癌物已达1000多种。人类的肿瘤80%～85%与化学致癌物有关。可分为确证致癌物、怀疑致癌物和潜在致癌物三类:① 确证致癌物是经流行病学调查和动物实验都能证实与人类肿瘤有因果关系的化学致癌物,有26种左右,如砷、铬、铬酸盐、镍、二氯甲醚、氯甲醚、2-萘胺、4-氨基联苯、4-硝基联苯、石棉、联苯胺、氯乙烯、苯并[a]芘等。② 怀疑致癌物是对人类有高度致癌可疑性的化学物质,约有30种,如铍、镉、亚硝胺类化合物、黄曲霉素及一些芳香类染料等。③ 潜在致癌物是对人类有潜在致癌作用的化学物质,如DDT、六六六、氯仿、四氯化碳、二甲基肼等。

2. 化学恐惧症

化学恐惧症是指在当今世界上有些人认为"凡是采用化学手段生产、合成的东西一概都是对人体有害的"。将有害有毒与化学尤其是人工合成的化学品画等号,以致在生活和工作中对化学合成物采取排斥和回避的态度。这是对化学的误解和不必要的恐惧,也是毫无科学根据的。化学在20世纪以来大大改变了我们的生活,虽然有些化学品有毒副作用发生,但化学品在提高生活质量、延长人类寿命等方面功不可没。关键是要严格论证,安全使用,拒绝恐惧,理性对待。

4.2.5　化学家和化学工程师

化学家是从事化学研究工作的科学家的简称。化学工程师是从事化学工业研究和生产技术的工程师。两者常常是不可分的,即他既是化学家又是化学工程师。在人类的历史长河中,化学起了极大的作用。化学的发展造就了强大的化学家和化学工程师群体,其中杰出的英才,创造了令世人瞩目的辉煌业绩,推动化学科学和化学工业深入而广泛地向前发展,改变了世界的面貌。下面以三人为例,介绍他们的主要业绩。

1. 门捷列夫

俄国化学家门捷列夫(D. I. Mendeleyev, 1834—1907)发现了化学元素周期律,即元素的性质随着原子量(现在科学的表达应为原子序数)的递增而呈周期性变化。1869 年,他将当时已知的 63 种元素按其原子量的大小和它的性质编制出元素周期表,对各元素进行分族,即使得化学科学系统化。根据他编制的表,预言存在新的元素,如"类铝"即以后发现的镓、"类硼"即以后发现的钪、"类硅"即以后发现的锗。

1871 年,门捷列夫发表文章写道:"我认为最有兴趣的是Ⅵ族中缺少一种类似碳的金属元素。它紧接着在硅的下面,因此称它为类硅,类硅的原子量应该大约是 72,……比重大约是 5.5,……它在一切的情况下是可熔的金属,在强热下挥发并氧化,不易分

门捷列夫

解水蒸气,几乎不与酸作用。不从酸中释放出氢气而形成很不稳定的盐。"1886年,温克勒尔等发现了锗,发现其性质几乎和门捷列夫预言的完全一致。他们专门致函给门捷列夫写道:"为您的天才工作的新胜利向您祝贺和表示深切敬意。"

周期律的确立是将科学实验得到的知识,经过综合分析而形成理论,具有科学的预见性和指导性。把各种元素看作有内在联系的统一体,而不是彼此孤立的简单堆积,为寻找新元素提供理论上的向导。以后化学家经过探索研究,不断发现了新元素,除填满原来表中的空格外,还往前发展增添了新的周期。至今7个周期、18个族、118种元素,都已完整地被发现。

门捷列夫曾自己评价元素周期律:"定律的确证只能借助于由定律引申出来的推论。这种推论如果没有这种定律便不能得到和不能想到,其次才是用实验来检验这种推论。因此,我在发现了周期律之后,就多方引出如此合乎逻辑的推论,这些推论能证明这一定律是否正确,其中包括未知元素的特征和修改许多元素的原子量。没有这种方法就不能确证自然界的定律。不论被法国人推崇为周期律发现人的尚古多也好,英国人所推崇的纽兰兹(J. A. R. Newlands)也好,以及被另一些人认为是周期律的创始人的迈耶尔(Mayer)也好,都没有像我从最初(1869 年)起就做的那样,敢于预测未知元素的特性,改变公认的原子量,或一般说来,把周期律看作是一个自然界中结构严密的新定律,它能把散乱的材料归纳起来。"

为了纪念门捷列夫对科学的贡献,国际纯粹和应用化学联合会(IUPAC)将原子序数为 101 号的元素命名为 Mendelevium,元素符号为 Md,中文名称为钔。不久前,联合国宣布 2019 年为元素周期表国际年(International Year of Periodic Table, IYPT),纪念门捷列夫创建元素周期表 150 周年。

2. 诺贝尔

瑞典化学工程师诺贝尔(A. B. Nobel, 1833—1896)在 19 世纪 50 年代制造硝化甘油炸药。这种炸药是将甘油慢慢地加到浓硝酸和浓硫酸的混合溶液中反应而得。他发现用干燥的硅藻土吸收硝化甘油后,可保有原来的爆炸能力,但引爆的敏感度大为降低,可以安全储存、运输。为此他取得了专利,使他在全世界都有炸药

诺贝尔

制造业的股份,加上他在俄国巴库油田有产权,因而成为拥有巨富的化学家。对这些财富他立了遗嘱,内容为:"请把我的全部财产作为基金,以基金的利息作为奖金,并把奖金五等分,作下述五种奖的奖金,在每年奖给为全人类作出了最卓著贡献的人。①

(1)物理学奖。奖给在这个领域有最重要发现或发明的人。

(2)化学奖。奖给在这个领域有最重要发现或最重要改良的人。

(3)生理学或医学奖。奖给在这个领域有最重要发现的人。

(4)文学奖。奖给在这个领域表明了理想主义的倾向,有最优秀作品的人。

---

① 参看王毓明,大学化学,2018,33(2),47—59.

（5）和平奖。奖给为国与国之间的友好，撤除或裁减军备，召开和平会议以及实施和平会议的原则作出了最大努力的人。"

诺贝尔奖于 1901 年开始颁发，经过一个多世纪的实践，它已成为全世界影响力最大的一个奖项。鼓励全世界无数的化学家、物理学家等献身于科学事业，为人类社会的发展作出巨大贡献。

为了纪念诺贝尔对科学的贡献，国际纯粹和应用化学联合会将原子序数为 102 号的元素命名为 Nobelium，元素符号为 No，中文名称为锘。

3. 侯德榜

中国化学工程师侯德榜（1890—1974），1890 年 8 月 9 日生于福建闽侯，1911 年就读于北京清华学堂，以全优的成绩震动了当时的清华园。1913 年保送留学美国麻省理工学院和哥伦比亚大学，先后获得学士、硕士、博士学位和荣誉博士称号。1921 年学成回国，从此把毕生精力献身于我国化学工业。作为我国近代化学工业的奠基人之一，他不仅是中国化学工业的开拓者，也是世界制碱技术权威。

1926 年，侯德榜任永利化学工业公司总工程师兼碱厂厂长，突破索尔维集团的技术封锁，攻克难关，建成亚洲第一家碱厂，用索尔维法年产万吨红三角牌纯碱，在万国博览会上获得金奖，畅销国内外。1937 年，他在南京生产首批合成氨、硫酸、硫铵和硝酸，开创我国化肥工业新纪元。1938 年，他完成连续生产纯碱

侯德榜

和氯化铵的"侯氏碱法"，使原料盐的利用率达到98％。1958 年，他领导我国化肥专家开发生产碳酸氢铵新工艺，促进了化肥工业的发展。1962 年，他实现联合生产纯碱和氯化铵的"联合制碱法"，实现氨碱联合生产，为我国化学工业作出巨大贡献。

侯德榜的科技著作硕果累累。早在 1933 年，他著的英文版《纯碱制造》在美国出版，成为世界首部制碱专著。以后，他继续修订出版第二版。1960 年，中文版《制碱工学》出版。1974 年他病故后，他的学生和同事们继承他创下的基业，把他的专著传承下去。2004 年《制碱工学》（第二版）问世，此时正值我国纯碱工业在产量和技术上均跃居世界首位之年，他这部传世之作是纯碱工业技术著作的主线。

第 5 章

化学是能源的开拓者

5.1　能源和化学

　　能源是指一切可以提供人类能量的资源。能源的种类繁多，那些本来就存在于自然界中，可直接利用其能量的能源，称为一次性能源，如煤、石油、天然气、太阳能、生物质能等；那些人类利用一次性能源经过加工转化而得的能源，称为二次性能源，如电能、氢能、石油制品（包括汽油、煤油、柴油）等。煤、石油、天然气和油页岩等能源是古代生物遗体在地层中沉积变化而得，称为化石能源，随着不断开采利用，它们剩余的蕴藏量越来越少，迟早会枯竭，是不可再生能源。太阳辐射到地球的能量称为太阳能，它一方面直接提供人类利用的热能和光能，另一方面它通过光合作用产生柴草等生物质能、大气流动出现的风能、水能和海浪潮汐能等可利用的能量，在人类未来生存的漫长年代，它们都不会枯竭,是可再生能源。化石能源实际上是远古年代的太阳能在地壳中转化而得。地球地热以及可用作能源的矿产资源也是重要的能源。现在核电站所用的铀和钍等核裂变产生的能源属不可再生能源;未来核聚变所用的氘和氚等,储量丰富,用之不尽。能源是发展工农业生产和提高人民生活水平的重要物质基础。

人类能源的需要量或消费量根据不同的能源有不同的计算方法。对于气态的天然气,通常用立方米(m^3)表达。液态的油可用它的体积或质量表达:

$$1 \text{ 吨油} = 7.3 \text{ 桶油}$$

$$= 1160 \text{ 升油}$$

固体煤通常用其质量吨(t)表示,$1 \text{ t} = 1000 \text{ kg}$。

能量的单位为焦[耳](J),标准油的燃烧热值定为 41.82 MJ/kg。标准煤的燃烧热值定为 29.2 MJ/kg。这里的"标准"仅是一种参考标准,便于了解油和煤的品质。电能的单位用千瓦·小时:

$$1 \text{ 度} = 1 \text{ 千瓦·小时} = 1000 \text{ W} \times 3600 \text{ s}$$

$$= 3.6 \times 10^6 \text{ J}$$

一个电厂或电站的发电能力用功率,即瓦(W)表示,因瓦很小,常用千瓦(kW)、兆瓦(MW)或更大的单位表示:

$$1 \text{ 千瓦} = 1 \text{ kW} = 10^3 \text{ 瓦}$$

$$1\ \text{兆瓦} = 1\ \text{MW} = 10^6\ \text{瓦}$$

$$1\ \text{吉瓦} = 1\ \text{GW} = 10^9\ \text{瓦}$$

$$1\ \text{太瓦} = 1\ \text{TW} = 10^{12}\ \text{瓦}$$

2010 年全世界能源消耗的峰值估计达 12.5 太瓦,这里的能耗包括提供汽车、火车、轮船和飞机等交通工具以及照明、各种电器设备、各种机器等所需的能源。三峡电站的装机容量为 1800 万千瓦(1.8×10^{10} 瓦),即大约需要相当于 700 个三峡电站的发电量才能满足世界能源的需要。

太阳能是太阳高温条件下,由 ^2_1H 和 ^3_1H 进行核聚变反应产生的能量,以摩尔为单位,反应式为:

$$^2_1\text{H} + ^3_1\text{H} \longrightarrow ^4_2\text{He} + ^1_0\text{n} + 17.6\ \text{MeV}$$

即反应放热:

$$\Delta H = -1698\ \text{MJ/mol}$$

太阳在上述核聚变反应中发热发光,每秒约消耗 6 亿吨 H,转化为 5.95 亿吨 He,亏损 400 万吨质量。按照爱因斯坦的质能联系方程:

$$E = mc^2$$

质量转变成辐射能,其中每秒辐射到地球的光能相当于太阳亏损 1.59 kg 的质量。由此可计算地球每秒得到的太阳能为:

$$E = mc^2 = 1.59\ \text{kg} \times (3 \times 10^8\ \text{m} \cdot \text{s}^{-1})^2$$

$$\approx 1.43 \times 10^{17}\ \text{kg} \cdot \text{m}^2 \cdot \text{s}^{-2}$$

$$= 1.43 \times 10^{17} \text{ J}$$

上述能量按功率瓦(W)计,为 1.43×10^{17} W。由于地球对太阳光的反射,海洋、大山和大气对阳光的吸收,剩余可用来发电的太阳能约为 6500 太瓦。

我国对核聚变反应的研究已有一定的进展,预计到本世纪中期,随着化学、物理学、材料科学等的发展,能源供应将会有新的面貌。

在可再生能源中,太阳能和风能分别为最多和发展最快的能源。太阳能资源达 6500 太瓦,风能资源达 1700 太瓦。有人预计到 2030 年全球所需能源峰值达 16.9 太瓦,届时风能可达 5.8 太瓦,太阳能可达 4.6 太瓦。

人类社会进入 21 世纪时,世界上生产和生活所需的能量有 3/4 来自化石能源燃烧放出的化学能。化石能源的开采、炼制、加工、利用以及燃烧放出的废气废渣的应用和处理,每个环节都和化学密切相关。能源的可持续供应和新能源的开拓也需要化学进行研究。利用太阳能、风能及氢能等能源时,表 5.1.1 所列的金属元素锂、铂、钕、银、铟及非金属元素硅、碲是必需的。例如太阳能光伏电池需要的单晶硅、多晶硅、碲化镉(CdTe)、铜铟硒(CuInSe)、电池中的银电极,电动汽车的锂电池所需的锂,铝电池所需的铝,燃料电池所需的铂等。这些材料或其替换材料所需的物资,更多地要依靠化学家来解决。表中未列出硅和铝元素,是因为它们在地表含量极为丰富,没有资源缺乏问题,仅存在由化学家将它提纯的问题。

表 5.1.1 新能源开发中必需的一些元素

元素	用 途	解决方案
锂	汽车电池	设计易于回收电池,循环使用
铂	汽车氢电池、燃料电池	设计易于回收电池,循环使用
钕	风力发电机涡轮机变速箱	设计无齿轮涡轮机
银	太阳能电池	减少用量,循环使用
铟	薄膜太阳能电池	优化电池
碲	薄膜太阳能电池	优化电池

能源化学是指从化学的基本原理出发,研究有关的理论和技术,解决能源开采、炼制、加工、利用,废气和废渣的利用与处理,能源的可持续供应,新能源的开拓中所涉及的化学问题。能源化学的任务是和其他科学技术一起,为人类社会的可持续发展提供稳定的能源,为人民的安康、和谐、舒适和富裕的生活提供保证。

化学是什么?从能源领域看,化学是一门可提高开采能源的采收率,延长它枯竭到来的时间的基础科学;化学是一门可提高能源加工、炼制的水平,获得高质量的产品和利用效率的基础科学;化学是一门可开发经济实用、不会枯竭的新能源,满足社会的可持续发展物质基础的基础科学;化学是一门可减少废气、废渣的排放,减轻对环境污染的基础科学。

5.2 石　　油

5.2.1　石油工业发展概况

　　世界石油大规模开采和应用是 20 世纪发生的大事。1900 年,世界石油的开采量为 2000 万吨,1950 年达 5 亿吨。1966 年石油首次超过煤炭成为世界第一大能源,占能源总消费量的 54%。2000 年石油开采量达 35.5 亿吨,2009 年达 38.8 亿吨。由于水电、核电和煤炭等的发展,石油占能源总消费的 40%,仍居第一。在 20 世纪,石油产业衍生了几乎所有的现代工业,改变了世界上人类衣、食、住、行的各个方面。20 世纪被称为"石油世纪",石油被称为"黑色金子"。

　　从 20 世纪 40 年代起,石油的重要性还在于除用作各个部门的动力燃料外,对化学工业的发展起了更重要的作用。以石油为基础原料,通过化学工业制造出了 3000 多种产品,占据国民经济的各个领域,例如合成塑料、合成橡胶、合成纤维、化肥和医药等,为现代工农业的发展提供物质基础。

　　石油在世界上的分布很不均匀。据 2000 年统计,在已探明的石油总储量约 3750 亿吨中,中东地区占 65%,拉丁美洲占 9%,欧洲占 8%,非洲占 7%,北美洲占 6%,亚太地区占 4%。

　　按 2009 年统计,石油的可采储量为 1838 亿吨,以每年采油

40 亿吨计,可采 45 年,即到本世纪中期,石油就将枯竭。

我国在 1948 年生产石油不足 10 万吨。20 世纪 60 年代初发现了大庆油田,1963 年发现山东胜利油田,1964 年发现天津大港油田,……1978 年石油产量突破 1 亿吨,1995 年达 1.5 亿吨。2009 年达 1.9 亿吨,占世界石油产量近 39 亿吨的 5%。随着我国经济发展,而国内石油储量不丰,产量增加不多,2009 年我国消耗石油 4 亿吨,半数以上靠进口,今后进口数量还将增加。

5.2.2　石油 100 年都用不完

《环球科学》杂志 2009 年 11 月载文《石油 100 年都用不完》。这和上小节所列情况有很大差异,哪一个可信?应怎样看待?

由于新的采油技术将大幅度提高油田采收率,新的勘探技术将发现更多的石油储量,新的估计应当可信。采油技术主要决定于化学科学的发展。借助先进的化学科学,按现在的采油量,21 世纪石油不会短缺。

埋藏在地下的石油,不是以油的湖泊或充满洞穴的油体存在,而是油、水及天然气组成类似糖浆的黏稠液体,储存于沙石的缝隙和毛细孔中,和水渗入到浮石中相似。当钻井到油层,石油摆脱了岩石的长期囚禁,油层内部的压力将油液(包括泥沙和岩石碎片)驱向油井,自喷到地面。这个过程通常会持续几年,直到压力消耗殆尽。这阶段得到的油称一次采油,采收率通常达 10％～15％。经过自喷阶段后，为了帮助部分剩余石油透过岩石孔隙渗出到油井中，就需要将水或天然气注入地下，将油挤出油井，称为二次采油，依靠这种方式能使采出率达到 20％～40％。近十年来，由于从一开始就逐步采用先进技术，一次采油和二次采油界限已变得模糊。要想采得更多石油，就需要加热油层或用化学试剂降低石油的黏度和阻力。常用的化学试剂为表面活性剂，它可以包住油形成小油滴，这种化学方法的总采出率可达 60％，称为三次采油。

早在三四十年前，许多人就预计石油只能开采四五十年。但今天一种新的观点出现，认为石油一百年都用不完，他们依据的理由有下面三点：

（1）石油的储量按现在的估计，常规的可达 1 万亿吨（7 万亿～8 万亿桶），非常规石油储量（包括超重油、沥青砂和页岩油）与常规石油储量大致相当。

（2）新技术使采收率提高，20 世纪 80 年代约为 20％，现已达 35％。

（3）地球上只有大约 1/3 的面积经过充分勘探（主要在北美洲），新的勘探技术，包括深井和海床钻探可使石油储量大幅度增加。

由于石油资源在世界各地的分布差异很大，上述估计对中东和美国等地区是比较接近的，但对我国就不适用了。现在我国就已经有半数石油依靠进口,石油储量可用 100 年的估计并不适用于我国。而且特别要以此估计来作警钟,要自力更生,比富藏石油的国家早几十年解决严重石油短缺所带来的困扰。化学应为解决这个困扰发挥重大作用。

5.2.3　留着石油作化工原料

石油资源虽然可用 100 年,但是要看到下面三个问题:

(1) 石油是不可再生能源,若现在不努力开辟新能源,100 年后怎么办?

(2) 现在石油大半是炼制成汽油、煤油和柴油等燃料油,主要用来开飞机、汽车、轮船、火车等交通工具,也用来发电成为二次能源。这些燃料油只用它和氧气燃烧放出的化学能,将燃烧产物 CO_2 和 H_2O 排放到大气之中,增加了大气中 CO_2 的浓度,和低碳生产背道而驰。

(3) 从原子经济观点看,在一切化学工业中要充分利用原子组成的物质,使上一家生产排放的废料,成为下一家的原料,整体生产中没有物质浪费掉。

石油的主要成分是碳和氢,它们的含量分别在 84%～87% 和 11%～14%,两者合计占 96%～99%。由于含氢量高,石油的发热量比煤高很多,硫、氧、氮及其他元素的总含量只占 1%～4%。含硫的多少是评价石油质量的一项主要指标,通常含硫量高于 2％的原油称高硫油，低于 0.5％的为低硫油，炼制石油时，要严格采取脱硫措施。由于石油的成分主要是碳氢化合物，已有的化学方法能比较容易地将其转化为其他国民经济所需的产品，这种化学工业通称为石油化工。

石油化工是以石油为原料，在催化剂作用下，通过催化反应，获得化工产品，其品种有 3000 多种，涉及国民经济的各个部门，例如轻工、纺织、农药、医药、电子、文化用品、通信、机械等各个领域。世界化工总产值在 20 世纪末达 10000 亿美元，其中 80％以上的产品均和石油化工有关。单以乙烯为例，20 世纪末，乙烯的年产量达 5000 万吨，以乙烯为原料用不同的催化剂和反应条件可得许多中间产品和不同性质的各种中下游产品。

上述石油能源的情况给化学家提出明确的任务：① 提高开采石油的采收率；② 配合其他科技加快可再生能源的利用，代替燃油；③ 发展石油化工，廉价、高效地生产高质量的合成高分子材料及润滑油等特种油品。总之，要合理地使用剩余的石油，减少对地球环境的污染，使子孙后代可持续地发展。

5.3　煤

煤是地质历史时期由堆积的植物遗体在缺氧环境中，经过复杂的生物化学作用和地质作用转化而成的可燃有机物质。煤中含有多种高分子有机物和混杂的矿物质。有机物的组成元素主要是碳、氢、氧,其次是氮、硫、磷,其结构的基本单元是各种芳香环、杂环芳香稠合体系,以及多种含氧官能团和支链。矿物质主要是石英、高岭石、黄铁矿和方解石等。

碳是煤中的主要成分,也是最主要的可燃物质,它的含量随着煤生成的年代和变质程度加深而增加。例如泥炭中碳含量为 $50\%\sim60\%$,褐煤中为 $65\%\sim75\%$,烟煤中增加至 $75\%\sim90\%$,无烟煤中达 $90\%\sim98\%$。氢也是煤中重要的可燃物质,煤中含氢量与成煤植物有关,还随煤变质的程度加深而减少,煤的最高含氢量可超过 8%。煤中硫的含量随地域差别很大,多数是在 $1\%\sim3\%$ 之间。

煤的种类不同,组成和煤质也不同,常用的煤质指标有水分、灰分、含硫量、挥发物和发热量等。为了便于折算单位质量的煤完全燃烧时所放出的能量,人为地规定了"标准煤"的发热量为 $29.2\,\mathrm{MJ/kg}$。

煤在世界各地普遍存在,分布比较均匀。至 2009 年,全世界探明的煤可采量为 8300 亿吨。2009 年我国产煤 26 亿吨,接近世界产煤量 55 亿吨的 1/2。在我国能源消费中煤约占 70%,是世界上唯一以煤为主要能源的大国。

煤的开采使用已有两千多年历史。工业革命后相当长的时间里,煤一直是社会最主要的能源。直到 1965 年,煤在世界能源生产和消费中仍占第一位,约占总能源的 42%。此后,煤让位于石油,产量在能源中的比例迅速下降。

在我国,煤在能源消费中的比例会随着其他能源的发展而下降,但煤作为主要能源的格局在相当长的时间中不会改变,这是我国能源结构的弱点所在。煤的利用和化学密切相关,下面从四个方面进行探讨:

(1) 煤燃烧热的利用。煤炭的最大用途是作为一次性能源直接燃烧。现在许多家庭用燃料、工农业用的锅炉燃料依靠煤,世界上近一半电能来自以煤作燃料的火力发电厂。燃煤要特别注意两点:一是充分燃烧,不要产生一氧化碳,避免煤气中毒,也使燃烧放出更多热量;二是设法除去燃煤产生的二氧化硫和氮氧化物。

(2) 将煤炼成焦炭和其他碳素制品。将煤破碎,在炼焦炉中受高温作用发生热分解,在生成焦炭的同时,还得到炼焦煤气和煤焦油。焦炭是烧结成块状、多孔而较纯的碳素。煤中所含硫、磷、氧、氮、氢等元素在高温干馏过程中大部分都已除去。焦炭是冶金工业的重要原料。焦炭还可进一步经过煅烧石墨化过程而成石墨等碳素制品。煤焦油是重要的化工原料,早在 19 世纪就已从煤焦油中提炼分离出许多小分子有机化合物,研究它们的组成、结构、性质和应用,使有机化学得到很大发展。炼焦煤气不仅可作民用燃料,更可作化工原料。

(3) 煤的气化。煤的气化指煤在控制氧气的条件下,进行不完全氧化的过程,是利用空气、水蒸气或其他气体将煤中的有机物转变成含有一氧化碳、氢、甲烷等可燃气体的一种加工方法。用煤气作燃料比直接烧煤有更多优点,它有热能利用率高、便于储存运输、使用方便、容易控制、清洁卫生、减少环境污染等优点。煤气也是重要的化工原料。煤的气化可在煤的产地,甚至直接在地下进行。

(4) 煤的液化。煤是固体,油是液体,煤转化为油的过程称为煤的液化。煤和石油主要都由碳和氢组成,差别在 C 和 H 的比例不同,煤的C/H值比石油高得多,要将煤液化为油,就要加氢。煤的加氢液化是在高压氢气和催化剂存在下加热到 $400\sim450℃$,使煤粉在溶剂中发生热解和加氢反应,继而通过气相催化,进一步加氢裂解等反应过程转化为液态的小分子。现在我国年产百万吨级油的煤液化厂已在运行。将煤液化成油的理想很好,但成本居高不下,很难和石油竞争,前景尚需化学家和其他科技人员一起不断努力去探索。煤的液化的另一途径是将煤变为液态醇使用。

5.4　天　然　气

天然气不是泛指自然界一切天然存在的气体,而是指沉积在地层中的有机物质生成的可燃气体。它的存在形式有四种:

纯天然气、油层气、煤层气（又称瓦斯）和天然气水合物（又称可燃冰）。由于目前天然气水合物的开采正在探索，而煤层气的数量较少，比较分散，所以通常所指的天然气储量不包括这两种。2009 年估计世界天然气的可采储量为 187 万亿立方米，每 1 立方米天然气发热量大约和 1 千克石油的发热量在同一数量级，按此估算，天然气和石油在目前开采技术条件下的可采储量大致相同。2009 年全世界天然气产量近 3 万亿立方米，我国为 887 亿立方米，占世界产量的约 3%。

沉积在海底大陆架上的天然气水合物资源极为丰富，据估计其蕴藏量约为 18000 万亿立方米，是上述两种天然气的可采储量的 100 倍。2017 年，我国已成功地对可燃冰进行试验性开采。

天然气的主要成分是甲烷（CH_4），它含 H 量高，作为化石燃料对环境的污染最小，燃烧不产生烟尘，没有固体排放物，含 SO_2 低，不会因之产生酸雨。燃烧产生相同的热能，排放二氧化碳量，天然气仅为煤的 1/10。作为家庭燃料，天然气比人工煤气更为安全。汽车用天然气作燃料，排放的污染物大为减少，CO 减少 40%，碳氢化合物减少 40%，NO_x 减少 30%，SO_2 减少 70%，是低碳、低污染的"绿色"汽车燃料。

天然气是重要的化工原料，用作合成氨、甲醇、乙炔、一碳化工产品，生产乙烯等原料。

　　天然气的管道输送价廉安全。北京使用来自陕北气田的天然气已有十多年，大大地改善了北京的环境，人民得到了实惠。

　　我国新疆、四川及南海海疆莺歌海等地天然气蕴藏量丰富，加上周边邻国哈萨克斯坦、塔吉克斯坦和蒙古储量丰富，国内开发和国际合作开发利用天然气资源，能源前景是很好的。

　　煤层气是与煤伴生的可燃气体，一般甲烷含量超过 95％，是一种优质洁净能源。在各类煤矿安全事故中，瓦斯爆炸事故最多，这是煤层气在作祟。甲烷是主要的温室气体之一，它对温室效应的作用，一个 CH_4 分子相当于 56 个 CO_2 分子。不回收煤层气，在采煤时让它排放到大气中，对环境影响很大，对安全采煤也是威胁。所以抽取利用煤层气，是防止煤矿瓦斯爆炸、减少环境污染的重要善举。我国煤层气储量估计为 30 万亿立方米，相当于 450 亿吨标准煤。要重视在煤矿上专门打井开采煤层气的工作。

5.5　太　阳　能

　　太阳是距离地球最近的一颗恒星，它的质量是地球质量的 33 万倍，占整个太阳系质量的 99.7％。太阳核心温度达 1500 万摄氏度，压力超过地球大气压的 340 亿倍，是一个核聚变的熔炉，不断地进行着核聚变反应，即由 4 个氢核聚变成 1 个氦核的反应。每秒钟约有 6 亿吨氢变成氦，这一过程约有 400 万吨的质量变成能量。这些能量转移到太阳表面向外发出辐射能，其中大约有 22 亿分之一到达地球。

太阳能具有储量大、不会枯竭、不受地域限制、清洁无污染等优点。人们利用太阳能的主要途径有三：

（1）通过生物的光合作用，将 CO_2 和 H_2O 结合成糖类化合物，如淀粉、纤维素、糖等，形成森林、植被、谷物，提供动物的食粮、木材和柴草等生物质能。

（2）直接利用太阳的热能，聚集成高温热源，用以烹饪、蓄热取暖、热风干燥、材料加工和冶金等用途，也可用铝箔或镜片制作大直径凹面半球形反射镜，将太阳能聚焦制作太阳能锅炉，用来加热、发电。近年来人们探索建立太阳能发电站，利用阳光将液体加热，一部分直接发电，另一部分将热储存在储热性能优良的熔融盐中，保证夜间和阴雨天也能产生蒸气发电。

（3）太阳光发电，又称光伏发电。即将太阳光照到太阳能电池上，将光能直接转变为电能。光伏发电和传统发电相比，具有独特优点：它无须消耗燃料、无运动部件、无排放、无副作用、维护工作量小等，是可持续发展的最佳能源之一。现在全世界都在致力于太阳能电池的发展。有人预计，在今后的 20 年中，全世界在光伏发电上可达到约 3 太瓦，包括装在屋顶上的小型光伏发电装置和大型的太阳能发电场。

将太阳光能转变为电能主要依靠化学家和物理学家制造出太阳能电池。这种电池是根据半导体材料的光发电效应（又称光伏效应）制成。目前所用的半导体主要是单质硅（又称元素硅或金属硅），它是半导体工业和信息产业最重要的基础材料。将硅片在相邻近的区域通过不同杂质的扩散或不同离子的注入，使它成为 PN 结。

当太阳光照射到 PN 结时，被太阳光激发的电子，在 PN 结中的内建电场作用下，电子（⊖）流向 N 型半导体；它也相当于正电荷（⊕）流向 P 型半导体，在 P 型层和 N 型层间产生电势差，在 PN 结外侧连接的电极上形成正极和负极的太阳能电池，将电极连接在负荷（如电灯泡）上，就有电流流通、电灯泡发光。太阳连续不停地照射，电流就连续不停地流通；太阳下山，没有光照，也就没有电流。这种将太阳能转变为电能的太阳能电池，既没有物质的消耗，没有污染产生，也没有噪音，可持续地发电应用。

上述单晶硅太阳能电池制造的关键是化学。首先要制得纯度很高并定量地掺有特定杂质的单晶硅片。由于硅片纯度要求很高，晶体生长的时间很长，掺杂制得 PN 结的技术复杂，太阳能电池的制造成本和发展速度受到了限制。许多国家投入大量资金探索硅以外其他单质和化合物的半导体性能，并用以制作太阳能电池。我国建筑行业利用自主生产的铜铟镓硒光伏发电材料，制成薄膜光伏组件，作为建筑物外装饰幕墙，发电供热，具有安全、耐用、发电量高等特点，对整个能源的绿色转型和清洁发展都具有重要意义。

由上述可见，太阳能电池的生产关键是化学问题，它涉及材料的制备、提纯和检测等各个方面，例如硅片的纯度要达到 6 个 9（即 99.9999%）以上，这就需要使用各种超纯的试剂，除去极微量杂质以及超纯度的检测等。当制得太阳能电池的电极后，为了保护电极，表面上还要覆盖透光好、强度高、非常薄的玻璃板，选用的材料需要化学科学的指导。

太阳能电池在太阳光照射下，产生的是直流电的电能，它对于用在远离市区的海上灯塔、浮标，山顶的无线电中继电台等情况时，则需要配套使用蓄电池，将白天的电能充电到蓄电池中，提供夜间或阴雨天使用。目前广泛应用的是铅酸免维护蓄电池。这种蓄电池的制造、特性的测试以及进一步的更新研发，也是化学的任务。

化学是什么？化学是一门为人类解决将太阳能转变为电能，形成用之不竭、价廉可靠、清洁无害的能源的基础科学。

5.6 氢能及其他可再生能源

5.6.1 氢能

氢能源在本世纪将有很大发展，原因有三：一是氢元素几乎都以化合物的状态存在,主要存在于水和碳氢化合物中,是取之不尽、用之不竭的元素。二是氢气是清洁、高效燃料,燃烧产物是水,没有其他污染物。三是以摩[尔]为单位,氢气燃烧放热的化学方程式如下:

$$2H_2 + O_2 \longrightarrow 2H_2O + 483.6\,kJ$$

按质量计,氢气的燃烧热为 $1.2 \times 10^5\,kJ/kg$(千焦/千克),是汽油的 3 倍。这种高密度能量的氢气可作航天动力燃料(但要注意爆炸和渗入金属等特性),可以像天然气、汽油一样储存起来调制使用。

要从化合物中得到氢气作为能源使用,需要用另外的能源来交换。最常用的是用电能电解水制得氢气。一般电解水用 15% KOH 水溶液作电解质,电极反应如下:

$$阴极:2K^+ + 2H_2O + 2e^- \longrightarrow 2KOH + H_2$$

$$阳极:2OH^- \longrightarrow H_2O + \frac{1}{2}O_2 + 2e^-$$

电解时所用电极最理想的是铂系金属,但因太贵,可用镍或镍上镀微量的铂,为了降低成本,常用遮镀镍的铁电极。

2010 年统计,世界上汽车已超过 6 亿辆,文明世界离不开汽车。汽车业发达的原因主要在于有廉价的汽油。氢燃料电池汽车已出现,将会逐渐和汽油汽车争雄。

氢燃料电池的构造示意见图 5.6.1。汽车上安装这种电池,同时携带氢气和氧气，使它们在电池中转化为水，并产生电能开动汽车。2010 年上海世博会园区中的百余辆交通车，就是以氢燃料电池为动力，实现了碳的零排放。

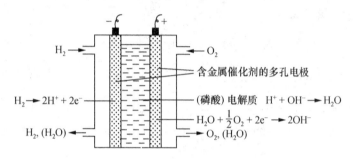

$$H_2 \rightarrow 2H^+ + 2e^-$$

含金属催化剂的多孔电极

（磷酸）电解质 $H^+ + OH^- \rightarrow H_2O$

$$H_2O + \frac{1}{2}O_2 + 2e^- \rightarrow 2OH^-$$

图 5.6.1　氢燃料电池构造示意图

氢气很轻，密度很小（$0.089\,\mathrm{g \cdot L^{-1}}$），单位质量占的体积大，很难液化（临界温度 $-240℃$），且易于泄漏。作为车辆燃料，储藏和携带氢气是需要重点攻克的难题。采用低温下液态的氢气，温度要在 $-250℃$ 左右，用优良的绝热材料才能实现。采用高压压缩，高压钢瓶 20 MPa（兆帕，10^6 帕，帕［斯卡］$=1$ 牛［顿］$\cdot$ 米$^{-2}$）下储氢，H_2 只占钢瓶重量的 1.6%。储存在储氢合金中，如铁钛合金、镧镍合金，充氢气时温度较低，H_2 与合金结合在一起，当加热时，压力在 1 MPa 以下，放出 H_2，储氢量仅占合金重的 $1\% \sim 2\%$。上述几种储氢方法都不令人满意。

攻克储氢难关是利用氢能源的关键，化学家们正在进行研究实验，制备容易和氢结合又容易释放出氢气的化合物，其中石墨烯材料的开拓研究已有一定成效,开始推广应用。

5.6.2 生物质能和沼气

植物、动物和微生物都是生物质。生物质分解或转化时将其中蕴藏的能量释放出来,即为生物质能。植物是生物质能的制造者,它在阳光下,依靠光合作用,将二氧化碳和水生成有机质。在这个过程中,将太阳能转化为化学能储藏在生物质中,成为生物质能。

地球上的植物每年通过光合作用固定下来的碳约达 2000 亿吨。按其所含能量相当于 720 亿吨石油,相当于当前全世界每年能源消耗量的 8 倍。

生物质能种类繁多,包括陆地和海洋中的动植物,人类和动物的排泄物,工业和人类生活的有机废弃物,污水中的有机质等。生物质能资源虽然非常丰富,但并不可能都作为能源加以利用。人类衣食住行各个方面,除需要能源外,生活中所需的粮食、木材、棉花等都需要植物提供资源。另外自然界的生物质的生成和分解是同时进行着的,构成复杂的平衡。由于人口增加,和不适当地利用自然资源,生态平衡受到冲击,例如大面积砍伐森林、草原过度放牧、物种灭绝加速等。按照可持续发展的思维,利用生物质能可在原有基础上从两方面进行:一是植树种草;二是废物利用。

1. 植树种草、绿化大地

其必要性已逐渐成为人类共识。因为它是人类改善环境、提高生活质量的最主要途径。在此过程中,一部分可用以营造薪柴林,即以获取薪柴提供生物质能为目的,可根据自然条件,选择速生、密植、高产、发热值高的树种进行营造。这种林地不但可生产薪柴和木炭,同时也和其他林地一样具有防风、固沙、保持水土、保护农田、改善生态等功能。有的国家从 20 世纪 50 年代开始实施,已取得显著效果。有的树种在每公顷土地上年产薪柴相当于 60 吨石油,是解决能源问题的途径之一。

2. 废物利用、发展沼气

沼气是生物质在厌氧条件下,经过细菌的发酵作用的最终产物。各种生物质如秸杆、杂草、垃圾、人畜粪便、工业有机废物等都可以作为原料。沼气的主要成分为甲烷(CH_4),通常占沼气总体积的 $60\% \sim 70\%$,其次是二氧化碳,约占沼气总体积的 $25\% \sim 35\%$,其余约 5% 是硫化氢、氮气、氢气和一氧化碳等。纯甲烷燃烧时火焰呈淡蓝色,发热值达 $36.84\ MJ/m^3$。

前些年我国在农村推广各户建小型沼气池,经过十多年实践,发现缺点较多:① 产生的沼气净化水平低,有害物超标,燃烧后气体排放到室内外,造成污染。② 受季节影响大,又没有足够的储气设备,冬天投入池中的杂草、秸杆少,转化成沼气数量少,很难满足取暖和炊事所需;夏天的情况则相反,直接排放造成污染。

建议在农村乡镇和城市建造规模较大、自动化高的沼气厂和发电厂。有较强的净化装置和储气柜,为秸杆、畜牧业和养殖业排放物以及生活垃圾发酵气化,为塑料袋、废旧纸张和树木的枝叶等燃烧发电找到出路。

5.6.3　醇能

甲醇（CH_3OH）和乙醇（C_2H_5OH）可以替代部分汽油,作内燃机燃料。乙醇制成车用的乙醇汽油或称生物燃料,在世界上已很普遍。巴西利用本国盛产的甘蔗生产乙醇,是世界上最大的车用乙醇汽油的生产国和消费国,该国生产的乙醇燃料已替代本国 40% 以上的汽油消耗,还大量出口,国内已没有使用纯汽油的汽车。乙醇汽油的使用是科学技术上的一项成果,世界每年生产乙醇汽油已超过千万吨级规模,使人们增加了一种调制能源的手段。

乙醇可以方便地用粮食或糖为原料,也可用非粮食来制造。在立足于生物质综合利用的基础上,应优先满足粮食供人们生存的需求,也不宜毁林拓地种植宜醇作物、损害环境地去生产乙醇。

制取乙醇的原料除粮食外,还可用甘蔗、甜菜、玉米秆、秸秆、锯屑等。对含糖和淀粉的原料,可直接发酵,含纤维素的原料先用酸水解使纤维素糖化,然后发酵生成乙醇。

乙醇汽油首先是将乙醇脱水,加入变性剂,成为变性燃料乙醇,将它与一定量汽油调和,成为车用乙醇汽油。乙醇汽油具有增氧剂效果,有提高车用燃料辛烷值、清洁汽车引擎、降低汽车尾气有害物含量的效果。

甲醇的燃烧性能比乙醇更为优越,它的生产原料既可以用生物质,也可以由 H_2 和 CO 催化合成:

$$2H_2 + CO \xrightarrow{\text{催化剂}} CH_3OH$$

另外,可利用甲醇制氢,是一种间接而方便的储存氢气的方法。此方法的化学反应式如下:

$$CH_3OH + H_2O \xrightarrow{\text{催化剂}} CO_2 + 3H_2$$

按此方法得到的气体,通过净化装置除去 CO_2 和其他杂质气体,得到高纯 H_2,可用于车载的氢燃料电池。

5.7 核　　能

核能又称原子能或原子核能,是核反应过程中原子核结构发生变化所释放的能量。核结构变化有两类:一类是核裂变,另一类是核聚变。原子弹爆炸产生巨大威力靠的是核裂变;氢弹爆炸则是核聚变。现在全世界已建成和在建的核电站都是依靠核裂变释放的能量。核聚变释放的能量的利用,由于技术上的困难,正在进行研究,人们盼望本世纪能实现核聚变发电站的应用。

核裂变能是铀和钍等重原子核分裂成两个或多个轻原子核过程中由质量亏损转变产生的能量。以 $^{235}_{92}U$ 受中子(n)轰击发生核裂变,产生 $^{142}_{56}Ba$ 和 $^{92}_{36}Kr$ 为例:

$$^{235}_{92}U + n \longrightarrow {}^{142}_{56}Ba + {}^{92}_{36}Kr + 2n$$

每一个 $^{235}_{92}U$ 原子核裂变前后质量亏损(Δm)为 $0.19\ u$(u 为原子质量单位,为 $^{12}_{6}C$ 原子质量的 $1/12$),相应释放的能量(ΔE)为:

$$\Delta E = (\Delta m)c^2$$
$$= (0.19 \times 1.66 \times 10^{-27}\ kg) \cdot (3 \times 10^8\ m/s)^2$$
$$\approx 2.8 \times 10^{-11}\ kg \cdot m/s^2$$
$$= 2.8 \times 10^{-11}\ J$$

$1\ g\ ^{235}_{92}U$ 有 $6.02 \times 10^{23}/235 \approx 2.56 \times 10^{21}$ 个原子。按此可算得 $1\ g\ ^{235}U$ 裂变释放的能量为 $2.56 \times 10^{21} \times 2.8 \times 10^{-11}\ J = 7.2 \times 10^{10}\ J$,将它和 $1\ kg$ 标准煤的燃烧发热量 $29.26\ MJ$ 比较,$1\ g\ ^{235}U$ 和 $2460\ kg$ 标准煤相当。

核裂变所用的铀矿等资源的开采和提取,需要依靠化学反应进行。例如天然铀矿主要由 ^{238}U 和 ^{235}U 组成,其中 ^{235}U 是易裂变成分,它在天然铀中仅占 0.714%,必须要将它富集才能成为核燃料。目前所用的将 ^{235}U 富集的方法首先是依靠化学方法,将矿石开采所得的 UO_2 和 HF 反应,制得 UF_4 后,再将它和

F_2 反应制得 UF_6。UF_6 是铀化合物中唯一易挥发而稳定的气态化合物。由于 F 只有一种同位素 ^{19}F，气相产物中只有两种成分：$^{235}UF_6$(分子量 348.99)和 $^{238}UF_6$(分子量 351.99)。利用它们质量的微小差异,可用超离心法或气相扩散法分离和富集出 ^{235}U 和 ^{238}U,供核反应堆使用。

核能是地球上储量非常丰富的能源。目前世界上已探明的铀储量约为 490 万吨,钍储量约为 275 万吨,所含能量远超过化石能源所含能量的总和。核电是一种清洁能源,不产生碳、硫等排放废物;放射性废物被回收处理,不向环境排放。核电的经济性优于火电,虽然建造费用高,但燃料费比火电低得多,总体成本低。建核电站时一定要精心设计、严格施工,防止各种突发事件时核放射物质泄漏释放而危害人类。

化学和其他科学技术一起,开发核能,降低碳排放,保护环境,积极探索研究核聚变能量的利用,争取顺利地实现化石能源、核裂变能源和核聚变能源接轨。届时地球上用之不竭的氘等核聚变能源将作为主角,使人类社会在可持续发展道路上前进。

第 6 章

化学是材料的研制者

　　材料是人类用以制造社会生活所需的物品、器件和进行各项工程施工所需的物质,是具有某些特定性能的化学品。化学和其他科学技术结合在一起战天斗地、发展生产所依靠的物质就是材料。有了冶金化学家冶炼出的钢铁等各种金属材料,以及无机化学工程人员通过化学配料、烧结磨细所生产的水泥和玻璃,才能建设起高耸入云的大厦和拦截长江的三峡大坝。半导体材料的成功制备使现代个人电脑的体积下降到最初电子管电子计算机的百万分之一,而计算速度却快上千万倍。高分子材料的成功开发,使人类社会面貌变得丰富多彩,人们的衣着和生活处处都离不开它。材料化学家和物理学家一起,制造出能够直接将太阳能转换为电能的多晶硅和单晶硅,使太阳能的大规模利用成为可能。压电陶瓷能精确地测量出微弱的压力变化,用来制造地震测量装置,十分准确地报告地震发生的地点和烈度,及时进行施救,减少灾害引起的伤亡损失。用于制造人体器官的生物医用材料,将给人类提高生命质量、延长人的寿命带来希望。材料既是人类社会进步的里程碑,也是支撑起人类文明的支柱。

化学是什么? 化学是一门与研制生产、分析测试和发展利用材料相关的基础科学。

6.1　金　属　材　料

6.1.1　钢铁

地壳中含量最多的 10 种元素及其所占的质量分数(%)列于下表:

O	Si	Al	Fe	Ca	Na	Mg	K	Ti	H
46.4	27.2	8.3	5.6	4.2	2.4	2.3	2.1	0.57	0.14

由上表可见,铁在地壳中的含量仅次于氧、硅和铝,居第 4 位,它主要以 +2 价和 +3 价的氧化物和硫化物等矿物形态存在。铁的氧化物有 3 种:氧化亚铁(FeO)、三氧化二铁(Fe_2O_3)和四氧化三铁(Fe_3O_4)。FeO 是黑色晶体,不稳定,在空气中受热会氧化成 Fe_3O_4。Fe_2O_3 是红棕色晶体,俗称赤铁矿。Fe_3O_4($FeO \cdot Fe_2O_3$)是具有磁性的黑色晶体,俗称磁铁矿。赤铁矿和磁铁矿都称铁矿石,是炼铁的主要原料。

钢铁是铁和碳形成的合金体系的总称,是用量最大、对国计民生最重要的金属材料。它的优势地位源于下列因素：① 铁在地壳中含量多，许多地方铁矿富集，易于开采；② 铁矿石可通过热化学方法冶炼成金属，成本低廉；③ 金属铁富延展性及其他优良的物理性质；④ 容易在冶炼中添加其他物料，得到适应各种用途需要的合金；⑤ 可通过浇铸、压模、锻打、冷轧和淬火等多种处理工艺，改变其组成、形状和物性，满足使用的要求。

2018 年，我国的钢产量达到 9 亿吨，这为我国国民经济的发展提供了雄厚的物质基础。

1. 铁

大量的铁是在炼铁高炉中用焦炭还原铁矿石得到的。冶炼时为了除去杂质和造渣的需要，需加石灰石和二氧化硅等原料。为了能源的充分利用和降低成本，炼铁高炉规模很大，是人工制造的最大的化学反应器，一个大型高炉每天可生产一万多吨生铁，而且一旦开炉冶炼，就要求日夜不停地生产，不能停顿冷却。图 6.1.1 示出炼铁高炉的结构及其中不同高度上主要的化学反应。

纯铁是一种银灰色光泽的金属。常压下熔点为 $1538℃$，沸点 $2738℃$。在 $20℃$ 时，密度为 $7.87\,g\cdot cm^{-3}$。铁是磁性物质，这源于原子结构中 3d 轨道上存在的未成对电子。纯铁质软、强度差，只有把铁炼成钢并除去硫和磷等杂质，才有较高的硬度和强度。钢中的含碳量是影响钢的性质的关键。钢铁中含碳量小于

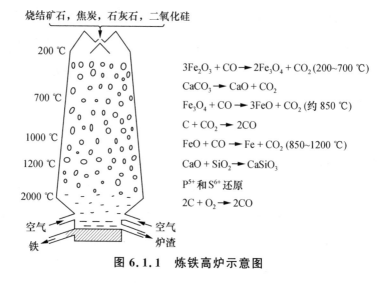

烧结矿石，焦炭，石灰石，二氧化硅

$3Fe_2O_3 + CO \rightarrow 2Fe_3O_4 + CO_2$ (200~700 ℃)
$CaCO_3 \rightarrow CaO + CO_2$
$Fe_3O_4 + CO \rightarrow 3FeO + CO_2$ (约 850 ℃)
$C + CO_2 \rightarrow 2CO$
$FeO + CO \rightarrow Fe + CO_2$ (850~1200 ℃)
$CaO + SiO_2 \rightarrow CaSiO_3$
P^{5+} 和 S^{6+} 还原
$2C + O_2 \rightarrow 2CO$

图 6.1.1　炼铁高炉示意图

0.02％的叫纯铁,大于 2.0％的叫生铁,在此之间的叫钢。钢中含碳小于 0.25％者为低碳钢,介于 0.25％～0.60％者为中碳钢,大于 0.6％者为高碳钢。从高炉出来的铁含碳约 3％～4％,是生铁。

2. 钢

钢的化学性质和物理性质,例如耐腐蚀性、磁性、强度和韧性等依赖于它的化学组成和热处理工艺。在碳钢中加入一定数量的一种或多种其他元素,形成品种多样的合金钢,它的品种数目超过千种。冶金化学家根据用户订货时所要求的钢的性能,以及炼铁和炼钢时所用原料的化学成分,精心地进行配料、设计冶炼和热处理工艺,以达到用户所需求的性能。下面举几类不同用途的合金钢。

（1）工具钢。适用于制作刀、斧、锉等，钢的性能要硬度高、耐磨性好。通常是在高碳钢中加入钼、钨等元素。

（2）结构钢。适用于架设桥梁铁轨和建造房屋等，要求具有坚和韧的特点，坚是指它能经得起各种应力的考验，韧是指它在承受巨大负荷的情况下也不断裂，只是发生一点塑性变形。通常是在中碳钢中加入锰、硅等元素形成。

（3）超高强度钢。适用于制造装甲车、坦克和潜艇等，它能较好地抵抗枪弹和炮弹。生产这类钢材，除选用合适的化学成分的钢外，特别要注意热处理工艺。

（4）不锈钢。在海水或酸性溶液中不会生锈的钢，它具有耐热性和抗氧化性，抗腐蚀能力高，适用于制造化工厂中的反应器、海水净化装置及多种家用设备。耐酸不锈钢中通常含 Cr（16％～18％）、Ni（6％～8％）及其他元素。

（5）硅钢。用于制造电力变压器中的铁芯，它含硅量高。

钢铁材料的生产从 19 世纪起产量不断增加，成本不断降低。在材料工业中，一直占统治性的主导地位。20 世纪 60 年代，合成高分子材料的发展，部分取代了钢铁材料。但不同国家情况差别较大，到 20 世纪末，美国钢铁生产进入饱和期后，他们从经济和环境保护出发，减少本国钢产量，进口部分钢铁，并大力发展新材料。日本和欧共体也开始进入饱和期。在 21 世纪，我国钢产量跃居世界第一，2014 年全球钢产量达到 16.6 亿吨，中国钢产量达 8.2 亿吨,约占全球产量的 50%,这为我国经济和社会的高速发展提供了雄厚的物质基础。

在未来钢铁材料的生产中,化学仍起重要作用,要考虑原料的可持续供应;要努力降低能耗,降低二氧化碳和污染物的排放;要开发生产自主品牌新的超细晶、高均匀性、高性能的优质特种钢材。

6.1.2　铝材

铝是地表蕴藏量最多的金属元素。由于铝是活泼金属,极易和氧气反应结合,冶金化学家采用电解熔融氧化物生产。三氧化二铝(晶体名称为刚玉)熔点很高,2050℃,需熔化在冰晶石(Na_3AlF_6)中,在 950~960℃进行电解得到金属铝。铝是一种银白色金属,熔点 660℃,沸点 2519℃,密度 2.702 g·cm^{-3},仅为铁的 1/3,其比强度可与合金钢相比。铝的导电性、电热性及耐蚀性均较优良。铝在大气中虽极易与氧气作用,但在金属铝表面生成一层牢固而致密的 Al_2O_3 薄膜,即可防止铝继续氧化,使铝材稳定光亮,而不会出现像钢材生锈的现象。铝没有低温脆性,而有可塑性和较好的延展性;在 0℃以下,随着温度降低,其强度和塑性却均有提高,而不降低;铝无磁性,冲击铝材不会产生火花。由于金属铝具有上述特性,以及铝镁系、铝锰系合金的成分和组织比较简单,塑性好,焊接性好,特别是耐腐蚀性好;铝镁锌系、铝镁铜系、铝镁硅系等系列合金的强度较高。化学家在研究以铝为基础的各种合金体系的组成、结构和性能,制作出成本低廉、性能优异的金属材料方面,已作出重大贡献。现在航空、电子、汽车、火车、建筑等各行各业已广泛地采用由铝合金通过冷热加工而得的薄板、管材、线材、箔材和棒材。

铝中加入少量锂(及其他元素)所制成的铝锂合金,具有质轻而比强度和比刚度高的特点,是航空、航天的理想结构材料。例如,一架大型民航客机的蒙皮改用铝锂合金,飞机重量可减轻 50 kg,为提高航速、节约燃油作出很大贡献。

6.1.3　钛合金

钛具有其他金属难以比拟的特性,它熔点高达 $1668℃$,密度较小,为 $4.5\,g\cdot cm^{-3}$,介于铝和铁之间;线膨胀系数小,为 $8.5\times10^{-6}/℃$,是铝的 1/3、铁的 2/3;金属钛受热时热应力小;导热性差,仅为铁的 1/5、铝的 1/13。钛的强度高,加入适量的合金元素,可得强度极高的合金,在 $-253\sim600℃$ 之间,比强度居常用金属材料之首。钛的表面容易形成一层致密的氧化物保护膜,因而具有优异的耐蚀性。钛对海水的抗腐蚀性特别强,在常温下不和无机酸、有机酸和碱起反应,但能溶于热盐酸、热硝酸及各种浓度的氢氟酸。钛合金的耐蚀性比金属钛更优异。

上述高强度、低密度的钛合金材料,在航空工业和军事工业中备受关注重用。一架波音 777 型飞机用钛合金材料达 57 吨，一架美国 F15 战斗机用钛合金 24.5 吨。钛合金是重要的战略物资材料。

钛材料的耐蚀性，使它在医疗、化工、石油等行业得到广泛应用，如生产尿素的反应塔、氯碱和氯酸盐电解的电极、纯碱工业、海水淡化中的诸多设备都要用钛合金，甚至个人生活中所戴的高品位的眼镜框架也用钛合金制造。

钛合金具有优秀的生物兼容性、耐腐蚀、无磁性等优良性质，这使它成为重要的生物医用材料，用以制造植入人体的人造骨和关节。

钛镍合金具有形状"记忆"功能，通称形状记忆合金。用这种合金加工成一定的形状后，加热到一定温度再冷却，用外力将它变成另一种形状，随后再加热到一定温度，它又自动恢复到原先加工成的形状。这种形状记忆合金有重要的应用。例如，我国嫦娥一号登月卫星的太阳能电池板采用形状记忆合金制作成伸展形的两翼，卫星发射前将它加热冷却，折叠成层状，紧贴在卫星表面的外侧，待卫星发射升空后加热，它就会自动伸展成平整的两翼。又如用形状记忆合金作合金管的接头，先将该管加工成内径稍小于待接管外径的套管，在接管前将此套管在室温下加以机械扩管，使其内径稍大于待接管的外径，将它和待接管套接在一起，将接头加热，接管外径恢复到原来较小的内径，将两管牢固而紧密地连接在一起。

　　随着电脑和智能手机等的高速发展，制造触摸屏的重要材料金属元素铟的用量随之高速增加，若按现在的增长速度继续使用铟，其资源的储备量只够再使用 20 年。研究开发新材料铟的问题已摆在材料化学家面前。

6.2　合成高分子材料

6.2.1　概况

　　合成高分子材料是指通过化学合成的方法得到分子量在一万到百万甚至更高的一类化合物，它常由一种或多种单体以共价键重复地连接而成。高分子在自然界中大量存在，食用的淀粉、蛋白质，穿的棉、麻、丝、毛，住的竹和木都是高分子，连人体本身大部分的结构物质也是高分子。通过化学方法合成所得的高分子，从 20 世纪后半叶起得到了迅速发展，除人们已熟知的塑料、橡胶、纤维三大类合成材料外，还包括涂料、黏合剂、液晶、离子交换树脂、生物医用高分子材料、复合材料以及各种高功能高分子材料。

　　高分子工业是随着石油化工的发展而发展起来的，它的工业结构可示意如表 6.2.1。

　　高分子材料快速发展的原因：一方面是原料丰富、适合现代化生产、经济效益高;另一方面是高分子材料具有许多优越性能,适合社会发展的需求。人们从高分子发展的面貌,也就看到了化学的面貌,实际地了解化学是什么。

表 6.2.1　高分子材料工业生产结构示意

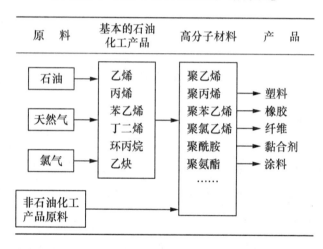

原　料	基本的石油化工产品	高分子材料	产　品
石油	乙烯 丙烯 苯乙烯 丁二烯 环丙烷 乙炔	聚乙烯 聚丙烯 聚苯乙烯 聚氯乙烯 聚酰胺 聚氨酯 ……	塑料 橡胶 纤维 黏合剂 涂料
天然气			
氯气			
非石油化工产品原料			

生产高分子材料的原料,目前主要是原油。原油大部分制成汽油、煤油和柴油等燃料油,只是利用它燃烧放出的热能。组成油料的 C 和 H 等原子,变成 CO_2 和 H_2O 排放到大气中,没有加以利用,而且 CO_2 成为温室气体,影响环境气候,没有物尽其用,实在可惜。化学家多么盼望原油的大部分能作为生产高分子的原料,身价百倍地成为人们日常所需的高分子制品。

现代社会进行的工农业生产和日常生活,无一不和高分子材料相联系:① 农业生产所用的农用薄膜、粮食果品的包装;

② 建房的油漆、室内的家具、包裹电线的绝缘材料；③ 工业生产的飞机、汽车、火车等交通工具；④ 人们日常用到的器皿,穿戴的衣帽鞋袜,随身携带的手机、电脑等,都和高分子材料有关。化学在研制和加工高分子材料中起了关键作用。化学就在你的身边,和你的生活紧密地结合在一起。

下面从高分子纤维、高分子薄膜和生物医用高分子三方面了解它们和化学的关系。

6.2.2　化学纤维

化学纤维是指用天然的或人工合成的高分子化合物为原料,经化学加工制成的纤维,简称化纤,又称人造纤维。根据原料来源的不同,化纤可分为两类:

(1) 再生纤维。以天然高分子物质,如纤维素为原料制得。例如人造棉、大豆蛋白纤维等。

(2) 合成纤维。以石油、天然气等为原料,先制得单体(如乙烯、丙烯、氯乙烯……),再聚合得到高分子化合物,利用抽丝设备,制成各种合成纤维,它不仅生产率高、产量大,且具有比天然纤维更优越的性能。它的强度大、弹性高、耐磨、耐化学腐蚀、不会发霉、不怕虫蛀、不缩水,做成的衣服挺括美观、坚固耐用,不仅改善人们的衣着,而且在工农业生产、国防和尖端科技方面有十分重要的用途。因此合成纤维的发展极为迅速,大规模投产的品种多达四五十种,其中生产数量大而最重要的是锦纶、涤纶、腈纶和丙纶等。

锦纶为尼龙纤维的简称,由于高分子链间存在氢键,尼龙丝坚固耐磨,易洗美观。涤纶是聚酯纤维,织成的布料具有牢固、易洗、快干、免熨烫、挺括舒展等特点,深受大家喜爱。腈纶是可代替羊毛的聚丙烯腈,具有柔软轻盈和保暖力强的特点,在阴湿天气摸起来也是温暖的,它还抗细菌和蛀虫,若制成絮片状的"太空棉",有高于鸭绒的保暖性。维纶为聚乙烯醇纤维的简称,有"合成棉花"的美誉,它吸湿性比棉花大,用维纶做的衣服没有闷气的感觉。丙纶是聚丙烯纤维的简称,它质轻而强度大,耐腐蚀,吸湿性几乎为零,用它抽成细丝纤维织成的布,轻、薄、透气而不会被雨淋湿,雨水在布面上形成小水珠,一抖即落,广泛用于制作工作服和雨衣、蚊帐、渔网等。现在世界的纺织业已大大发展,织布很少用单一品种的纤维,而是根据人们的需要以及各种纤维的特长,混纺而成。常见的纺织品:人造棉、涤纶弹力呢、锦纶丝袜、腈纶毛线和丙纶地毯等,都是用纯的合成纤维或合成纤维和天然纤维(棉、毛、丝、麻)按不同比例混纺而得。

世界纺织纤维的产量和演变可由表 6.2.2 看出,化纤产量的份额明显越来越多。

表 6.2.2　化纤产量和所占份额

年	纤维总产量 /万吨	化纤产量 /万吨	天然纤维产量 /万吨	化纤占有份额 /(%)
1900	391	0.1	391	0.025
1950	1000	168	832	16.8
1980	3060	1382	1678	45.2
1995	5049	2577	2472	51.0
2000	6044	3475	2569	57.5

6.2.3　高分子薄膜材料

膜的基本功能是从物质群中有选择地透过或输送特定的物质,例如分子、离子、电子和光子等。农业生产中用的农用薄膜是由聚氯乙烯吹制而成,其功能是能透过阳光而不透气,用它建立小温室,可以保持湿度、温度并得到阳光。

利用膜的分离功能,已在许多方面得到实际应用,例如:

气体透过膜	制富氧气体、富集氮
反渗透膜	海水淡化、超纯水制备
离子交换膜	硬水软化、电解隔膜
超滤膜	胶体分离、溶液浓缩
透析膜	人工肾
释放控制膜	缓释性药剂

由聚二甲基硅氧烷($\overline{\ \ \ }O\!-\!Si(CH_3)_2\overline{\ \ \ }_n$)制成的薄膜,相对不同气体透过系数不同,氧和氮的透过系数比约为 2。利用这个特性可用于富集氧气,用于炼钢可提高钢铁的质量和产量,用于

燃烧炉可以节约能源,热效率高,节约时间。

用醋酸纤维素膜按图 6.2.1 组成海水淡化的装置,因它只让水通过薄膜而不让盐通过,将左边盐水加压(>3 MPa)[①]超过海水渗透压,通过薄膜到右边的水就是淡水。海水淡化是极为重要、关系到国计民生的大工程,是摆在化学家面前的重要研究课题。

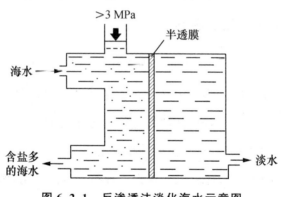

图 6.2.1　反渗透法淡化海水示意图

6.2.4　医用高分子材料

合成高分子材料在医疗方面的应用,近年来有很大的发展。人的肌体随着年龄增长不可避免地走向衰老,各个器官的机能逐渐减退;另外,疾病和意外事故也会造成器官和组织的破坏和

---

① 关于兆帕(MPa),参见本书第 140 页。

损伤。如何解决这些问题,器官移植是个理想办法,但由于人体对外来器官有排异作用,加之器官的来源和保存有很多困难,所以研究和应用人工合成的生物医学材料制作的器官,就成为医学和化学的重要课题和任务。除各种合金、陶瓷等类材料外,合成高分子材料应用和研究的面更广。

硅橡胶是指以硅原子代替碳原子合成的一类橡胶,它无毒无味、透气性好,对血液具有适应性,广泛应用于制造人工血管、心瓣膜、心脏、起搏器、气管、咽喉、食道、胆道、膀胱、角膜等器官。

作为生物医学材料的塑料,除具备一定的强度、韧性和血液相容性外,还要不被水解、不释放小分子。它在人体内外各个器官都已有应用,如表 6.2.3 所示。

表 6.2.3　各种塑料在医学上的应用

塑　　料	医学应用实例
聚氨酯弹性体	弹性绷带、动脉瓣、心脏搏动膜、心脏起搏器
环氧树脂	牙托材料、植入体内电子器件的密封料
赛珞玢	透析膜
聚乙烯	人工关节、注射器、血液回路
聚丙烯	人工肺、人工肾、指关节、血液回路
聚苯乙烯	人工肝
聚甲基丙烯酸甲酯	人工骨、牙托、药物释放系统
聚乙烯醇缩醛体	透析膜
聚氯乙烯	人工肺、透析器、血液回路
聚四氟乙烯	人工血管
醋酸纤维素	人工肾透析膜

6.3 玻璃和陶瓷

6.3.1 玻璃

玻璃是人们最熟悉的无机非金属材料之一。婴儿刚一出生,就用玻璃奶瓶喝奶,住在有玻璃门窗的房子里。待其长大上中学,进入化学实验室,会接触到烧杯、烧瓶等玻璃仪器。有人眼睛近视得早,戴上用玻璃制作的近视眼镜学习,到老了还得戴玻璃制作的老花眼镜。

什么是玻璃?玻璃是将所制作的材料配料、加热熔融、冷却,使它黏度逐渐变大、不析晶,在室温下仍保持熔体结构的固体物质。玻璃有下列共性:

(1)没有固定的熔点。从熔融状态到固体状态是连续变化的过程。

(2)各向同性。其透光性、力学性能、热学性能、电学性能等都是各向同性的,不随方向的改变而变化。

(3)没有晶界和粒界,除良好的气密性外,光线散射很少,是透明的。

(4)无固定形态。可制成薄膜、纤维、块体或微珠等。

(5)性能遵循其组成的加和性。玻璃的许多性质可通过调整成分及表面处理等工艺进行设计。

习惯上,人们把能大规模生产的平板玻璃、器皿玻璃、电真空玻璃和光学玻璃称作普通玻璃。把二氧化硅含量在 85％以上或 55％以下的硅酸盐玻璃、非硅酸盐氧化物玻璃和非氧化物玻璃等称为特种玻璃。新型玻璃包括特种玻璃在内的新功能材料,已成为新技术和新兴工业发展的关键。下面在诸多的新型玻璃材料中选列一些实例。

1. 光导玻璃纤维

光导玻璃纤维是一种能导光、传像的玻璃纤维,又称光学纤维,简称光纤。它具有传光效率高、信息传递量大、分辨率高、速度快、抗干扰、耐腐蚀、质量轻、可弯曲、保密性好、节省金属资源、成本低廉等一系列优点。现在的通信包括电子信息、电话等都使用光纤。光纤不仅用于市区电话,还用于跨国、跨洋的通信。

光通信纤维中的石英玻璃纤维,其化学成分是高纯度的二氧化硅(SiO_2),将它熔融拉成直径几十微米的纤维,称为纤芯,纤芯折射率 $1.463 \sim 1.467$。纤芯外包一直径约 100 微米(μm,10^{-6}米)、折射率较低的玻璃材料,包层折射率约为 1.45。为了保护光纤,包层外还覆盖保护层。

二氧化硅内芯具有高折射率,包层为低折射率,使光在内芯和包层的界面上发生全反射。在内芯传导的光几乎全部被封闭在纤芯,经过无数次全反射而呈锯齿形向前传播。

光纤通信的兴起,其基础在化学科学的发展,制出高纯度的纤芯。大规模生产的普通玻璃，一般其中都含有少量过渡金属元素，如铁、锰等。这种玻璃呈浅蓝色，当将十几块玻璃板叠在一起，或从侧面断口观看，蓝色就非常明显地出现。这种普通玻璃透光距离只有几米。蓝色海洋中的海水，透光距离也只有百米量级。近二三十年来，化学家以其智慧，将石英玻璃纤维中的有害杂质清除得干干净净，制成光传输损耗极低的纤芯。

如今，石英光纤网络中光纤总长度已超过 1×10^9 千米，可环绕地球 2.5 万圈，并仍持续不断地增加。人们赞叹科学家们把沙子变成光纤，又从光纤建造成信息高速公路，发展起覆盖全球的电话和电视，还进一步实现远程医疗、远程教育、网上购物等将整个社会融合在一起的生活方式。

高锟，1933 年出生于上海，他是光纤通信领域的先驱，20 世纪 60 年代，光通信刚兴起之时，他就从事降低玻璃纤维的光损耗的研究，提出必须除去玻璃中的杂质，计算出光在高纯石英光纤中传输距离可以达到 100 千米以上。激发了许多研究人员的信心和理念，促进实现超低损耗光纤的问世和光纤通信技术的实现，他为光纤技术的发展指明了正确的方向。2009 年诺贝尔物理学奖授予为光通信建立功勋的三位科学家，其中一半奖金授予高锟，另一半由博伊尔（W. S. Boyle，1924— ）和史密斯（G. E. Smith，1930— ）分享。

1992 年秋，笔者有幸应时任香港中文大学校长高锟之聘前往任教,他在校长寓所家里盛情招待我们这些新来的教师,相互交谈对科研和教学的心得体会。

化学是什么?化学是一门制造"万里眼"的基础材料的科学。

2. 新型建筑玻璃

近二三十年来,我国农村和城市的面貌焕然一新。新盖的房屋和新修的道路引人注目。玻璃在建筑中的用量迅速增长,成为继水泥、钢材之后的第三大建筑材料。随着科技的发展和人民生活水平提高,建筑用的玻璃的功能不再仅仅是满足采光要求,还希望有新的功能,如节能、安全、隔音等。以节能的新型玻璃为例,化学可起很大的作用。

在玻璃原料的配制上,添加铁、钴、镍、铜和硒等元素的氧化物,控制熔融制备时的气氛,可制得呈现蓝、灰或茶色等色调的玻璃,这种玻璃具有既能透过可见光,又能吸收红外辐射,阻止一些热辐射透过的功能,还能改善采光色调。对热带地区和夏天节约空调的电能起很大作用。

在玻璃表面形成热反射涂层,该层的化学成分可选金、银、铜、铬和铝等氧化物。一般太阳热辐射的反射率可达 $30\%\sim50\%$,起到节能和装饰的效果。

制作双层或多层玻璃,层间保持一定距离,内充干燥空气或惰性气体,并放置吸湿剂,周边用胶密封。化学家制得的这种密封胶要具有和玻璃的胶着能力强、干燥固化后密封性好、经久不变等性能。这种多层中空玻璃,隔热保温、隔音等性能都很好。

纤维增强复合玻璃是用陶瓷纤维、碳纤维或碳化硅晶须等作增强剂,在玻璃熔融时复合制得。具高韧性、抗冲击、不易碎裂等一系列优点,可提高建筑的安全性。这种玻璃还可用在许多新技术中。

3. 光致变色玻璃和电致变色玻璃

在玻璃中添加卤化银等胶体颗粒的光敏剂,可使玻璃受到光照射时会变暗或着色,阻止光的照射,又能恢复到原来的透明状态,已广泛用作变色眼镜,在建筑业和汽车业中用作具有吸热作用的玻璃和单面透视的玻璃。

在玻璃中添加电致变色氧化物或在玻璃表面涂敷具有变色性的非晶态膜形成的玻璃,在可调控的低压电源作用下,可使玻璃具有透光度在较大范围内随意调节、多色连续变化等特点。由于电源简单、省电、受环境影响小等优点,广泛地用作建筑物的门窗、飞机和汽车等的挡风玻璃,达到单面透视、节能和装饰等效果。还可用作大面积数字、文字和图像显示的屏幕。

6.3.2 陶瓷

陶瓷是指由陶土或瓷土等硅酸盐,经过成型烧结,部分熔融成玻璃态,通过它将微小的石英和其他氧化物晶体包裹结合在一起形成的材料。它是含有玻璃相和结晶相的复合物质。

陶瓷分为陶器和瓷器两大类，两者的差别在于：

（1）陶器用陶土烧制，呈黄褐色，较粗糙；瓷器以瓷土即高岭土烧制，一般颜色洁白光滑。

（2）陶器烧成温度较低，约 700～800℃，有较多孔隙和较强吸水性，叩之发声沉闷；瓷器需经 1300℃ 以上高温烧成，致密坚硬，吸水率低，叩之发声清脆。

（3）陶器一般不施釉；瓷器表面施釉，能防止污染物黏附。

精密陶瓷或新型陶瓷材料在化学成分、烧制工艺上都和传统陶瓷不同，因而使它具有独特的性能。在化学成分上，除硅酸盐外，还包括其他金属化合物，如氧化铝、氧化锆、稀土氧化物、氧化钛及氮化物、碳化物和硼化物等人工合成的高纯超细粉，使它具有精确的配料。烧制工艺是在严格控制的条件下进行成型、烧结和处理，制成具有特定的相组成和显微结构的无机复合材料。下面简单介绍其中几种特殊的陶瓷材料。

1. 无机氧化物超导陶瓷

传统陶瓷最明显的一种特性是它具有绝缘性，利用它的这种对电流绝缘和耐热的性质，在日用电器中用陶瓷烧制成小瓷管、电插座和小瓷垫使用，在变电站和传送电能的输电铁塔都用大的绝缘瓷管使电线处在瓷绝缘体的保护之中。

20 世纪 80 年代发现氧化物超导体，它的成分、出现超导的临界温度(T_c)和发现年代如下：

$(La,Sr)_2CuO_4$	35 K	1986
$YBa_2Cu_3O_7$	95 K	1987
$Tl_2Ba_2Ca_2Cu_3O_{10}$	125 K	1988

其中 T_c 达 90 K 以上的 Y-Ba-Cu-O 系和 Tl-Ba-Ca-Cu-O 系、Bi-Sr-Ca-Cu-O 系的超导陶瓷具有液氮区的超导性,开辟了超导技术应用的广阔前景。对超导陶瓷的配料、结构、性能和应用在世界范围蓬勃发展,其中许多关键性的工作,需要化学家的配合和研究。

2. 生物医用陶瓷

生物医用陶瓷具有很强的耐腐蚀性、生物相容性和无毒副作用,作为人工骨和假牙等早已使用。它和金属材料与高分子材料相比,显现出它的优越性。例如不锈钢在常温下是非常稳定的材料,但把它做成人工关节植入体内,三五年后便会出现腐蚀斑,还会有微量铬、镍离子析出。钛合金钢耐腐蚀性好,但价格昂贵。有机高分子材料做成的人工器官容易老化。相比之下,生物医用陶瓷更适合植入人体。医用陶瓷还具有下列优点:

(1)陶瓷的化学成分和组成范围可根据实际应用的要求配料和控制烧制工艺,使其达到预定性能。

(2)生物医用陶瓷是在高温下烧制形成,具有良好的机械强度和硬度,不会产生疲劳现象;在体内不易溶解、氧化、腐蚀变质,也便于消毒。

（3）烧制前容易成型，可根据需要制成各种形态和尺寸，烧制后表面光洁、耐磨性强，还便于后加工。

（4）如作假牙，可配加适当成分使其着色，具备美容和整容作用。

3. 高温结构陶瓷

由氮化硅、氧化锆、氧化铝和碳化硅等组成的高温结构陶瓷，改善了传统陶瓷的脆性，发挥这些化合物由共价键结合，具有高硬度、高强度和高热稳定性、高电绝缘性等优点，应用日益广泛。将其制成轴承材料，工作温度可达 1200℃，比普通轴承的工作温度高一倍以上。运转速度可达普通轴承的 10 倍，还可以免除润滑剂。

用高温结构陶瓷制造的发动机，工作温度能稳定在 1300℃左右，由于燃料能充分燃烧而又不需要水冷系统，使热效率大幅度提高。由于陶瓷的密度低于钢铁，用陶瓷制作的发动机较轻，这对汽车、航空工业颇具吸引力，这些行业正致力于研制无冷却式陶瓷发动机，化学在其中发挥重大作用。

6.4　电子信息材料

20 世纪中叶以后发展起来的信息技术，在 60 年间的迅速发展，已经成为影响国计民生最大的高新技术，成为科技发展的先导。

电子信息技术是以微电子技术为基础的计算机技术与通信技术的综合,它涉及信息的产生、收集、交换、存储、传输、显示、识别、提取、控制、加工和利用等方面。这些技术赖以发展的基础核心物质,需要化学家的研制。下面以单晶硅和液晶为例说明。

6.4.1 单晶硅

单晶硅是计算机技术的基础物质,它决定着集成电路的生产水平,是信息产业技术的核心材料。

硅在地壳中的含量极为丰富,仅次于氧,居所有元素的第二位。硅的一般存在形式是硅石和硅酸盐,它构成岩石、沙子和泥土的主要成分。自然界中硅很少以单质的硅形态存在。

化学家将自然界中大量存在的石英,即二氧化硅(SiO_2,又称硅石),选出较纯净的晶态矿石或沙子,用高纯焦炭通过下面的化学反应,制得纯度为 95% 以上的单质硅。

$$SiO_2 + 2C \xrightarrow{1600 \sim 1800℃} Si + 2CO \uparrow$$

为了提纯这种单质硅,先将它和氯化氢(HCl)反应,成为气相化合物 $SiHCl_3$:

$$Si + 3HCl \xrightarrow{250 \sim 300℃} SiHCl_3 + H_2$$

将 $SiHCl_3$ 和杂质分离,使它成为纯度很高的 $SiHCl_3$。再按这个反应的逆反应,用高纯氢气还原,得到纯度为 6 个 9(即

99.9999％)以上的高纯硅。硅的熔点是 1420℃。

将上述所得的高纯硅在纯净的高真空或高纯氩气体条件下,在高纯度石英坩埚中熔融,再按提拉法让晶体从熔融体中逐渐长大成大块单晶硅。因它的外形呈圆柱形,故称为圆柱形硅柱。图 6.4.1 示出直径达 300 毫米、长度约 1400 毫米的硅柱。

图 6.4.1　圆柱形硅柱

将硅柱切成薄片,厚度一般为 0.3 毫米,称为空白圆晶。在这硅片基础上,一般经过氧化、光刻、扩散等程序制成集成电路。

首先是氧化工艺,即在硅片表面氧化出一薄层二氧化硅,作为绝缘层和阻挡层;其次用类似照相技术的光刻工艺,按特定设计要求刻出没有二氧化硅的“窗口”;第三,利用扩散法或离子注入法进行掺杂,由于二氧化硅薄层的存在,杂质只能从窗口掺入;第四,为了在芯片上制造出各种元件,要反复利用上述方法,掺进不同杂质,做出不同性质的元件和导线。现在利用 0.3 微米的线宽工艺可在 1 厘米×2 厘米芯片上集成出 1.4 亿个元件。目前线宽逐渐变窄,从 90 纳米在线生产,最小到 7 纳米,工艺研究成功。另外,单晶硅圆片的直径越大,在一个圆片上集成所得元件越多,所得的电脑硬件处理器的性能大为提高,成本也大为降低。

要使电脑的功能提高,单晶硅的生产是重要关键,各国化学家们都在不断地研究超纯硅的制造,以及直径达 400~500 毫米圆柱形硅柱的制造。

6.4.2 液晶

在电子信息技术中,显示出人们可以观察到信息内容的技术是极为重要的一个环节。家中的液晶电视机,就是将电视台播出的世界各地的风光和发生的大事,在电视机的液晶屏幕上显现出来。

液晶是介于液体和晶体之间、在一定温度区间存在的一种物质状态。液晶的性质是由它的分子几何形状决定的。已在应用的各种液晶材料都是由化学家合成的有机化合物,它的分子形状大体呈长棒形或圆盘形,长棒形液晶开发应用较多。呈现液晶性质的液晶分子,其排列的结构特点不同,可分为向列相、胆甾相和近晶相三种类型。它们都有一定的取向性,但没有晶体中分子按周期性排列的特点，它们不是晶体，而是具有择优取向的液体。例如近晶相液晶中分子的排列像火柴盒中的火柴，站立着相拥在一起排成层状。

液晶中分子排列的各向异性，使得液晶相的宏观性质也出现各向异性，即不同的方向性质不同。例如在同一种液晶中测定的折射率、介电常数、磁化率、反射率等物理性质的数值并不相同。电子工业和信息工业的技术工程师们，利用改变液晶分子排列所需的驱动力极低这一特性，制作成液晶显示面板显示出传输的信息。小的电子产品如液晶显示全电子数字石英手表，它具有走时准确、造价低、功耗小和功能多样的特点；液晶显示通话人图像的手机电话，大大地拉近了通话人之间的距离。中等大小的产品如液晶彩色电视机，已进入千家万户。大型的显示屏幕如北京天安门广场中长达五六十米、宽约 3 米的显示屏，可供万千观众欣赏。

电子信息技术不断在发展，对具有液晶性质的化合物的要求也越来越高。

化学是什么？化学是一门研究各种工业技术发展所需优质材料的基础科学。

6.5 碳纳米材料的化学

6.5.1 单质碳简介

碳元素在地壳中的含量按质量计只占 0.027%,数量很少,元素丰度排序,位居第 14 位。地壳中的碳 99.7% 以煤、甲烷和碳酸盐的形式存在,0.2% 在大气中以 CO_2 和 CH_4 出现,剩余不到 0.1% 的碳构成地球上全部生命物质的主要基础,即有机物。碳能以很少的数量构成已知种类达数千万种的有机化合物,关键在于碳原子间能形成丰富多彩的化学键。碳原子基态时的价电子组态为 $C(2s)^2(2p_x)^1(2p_y)^1$,当碳和其他原子化合成键时,电子组态变为 $(2s)^1(2p_x)^1(2p_y)^1(2p_z)^1$,组成 sp^3 杂化轨道、sp^2 或 sp 杂化轨道去和其他原子成键。

晶态的单质碳有金刚石、石墨和球碳三种类型,它们的化学键型式不同,结构型式也不同,下面分别加以叙述。

1. 金刚石

金刚石的结构示于图 6.5.1,在这种结构中,每个 C 原子都以 sp^3 杂化轨道和周围 4 个 C 原子按四面体形的方向形成 C—C 单键,键长 154.5 pm。在金刚石晶体中,C—C 键贯穿整个晶体,各个方向都结合得很完美,使金刚石具有抗压强度高、耐磨性强等特优的功能。

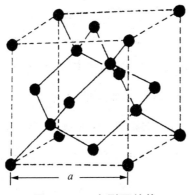

图 6.5.1　金刚石结构

　　金刚石是自然界中最坚硬的物质,莫氏硬度定为 10,折射率高($n_D = 2.4173$),对称性高,纯净的为无色透明的晶体,有的因含杂质而出现黄、蓝、绿、褐等颜色,经过精细雕琢形成对称多面体,在光照下呈现霓虹色彩、光芒四射、美丽非凡。由于它产量稀少,特别是颗粒大的金刚石更少,是被人们视为钻石的珍宝,是纯洁和力量的象征。金刚石颗粒的大小常用它的质量计,质量单位为克拉(carat, ct),1 克拉=0.2 克。已知世界上发现的天然金刚石超过 1000 克拉的只有两颗,超过 500 克拉的也只有 20 多颗,是非常名贵的宝石。

2. 石墨

　　石墨是碳元素在自然界中存在的最普遍的一种型式。石墨的晶体结构由六角形碳环的平面层组成,层中的每个 C 原子以 sp^2 杂化轨道和相邻的 3 个 C 原子形成等距离的 3 个 σ 键,构成蜂窝状的平面层,如图 6.5.2(a)。每个 C 原子垂直于该平面还有一个未参加杂化的 p 轨道和其中的一个电子,它们沿着层的平面相互叠加形成离域 π 键,可看作二维的金属键,电子可以在层中自由移动,将 C 原子结合得更紧密,层中 C—C 键长缩短为 141.8 pm,比金刚石中的键长短,键强增加。石墨晶体由这种层平行堆积而成,图 6.5.2(b)示出一种六方石墨晶体的结构。

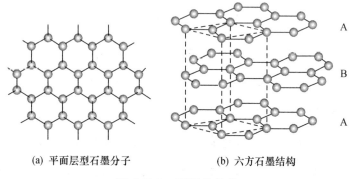

(a) 平面层型石墨分子　　　　(b) 六方石墨结构

图 6.5.2　石墨的结构

在石墨晶体中,层间通过 π-π 轨道的叠加作用和分子间的范德华引力结合在一起,层间距离达 335 pm,表明层间结合力较弱,当受到平行于层的外力推动,就会使层分离而成石墨烯。

3. 球碳

球碳是由碳原子组成的球形分子,每个分子由几十个到几百个碳原子组成,这类碳分子是在 20 世纪 70 年代人工合成制得。将两个石墨电极在氦气气氛中通电产生电弧,石墨蒸发成碳蒸气,环合凝结成碳烟,其中包含有球碳,可将它溶于苯中结晶提纯制得。

现在人们用各种方法制备球碳时,具有足球外形的球碳 C_{60} 在产物中含量较高,这是由于这个多面体分子具有很高的对称性。在 C_{60} 分子中,每个 C 原子和周围 3 个 C 原子形成了 3 个 σ 键,剩余的轨道和电子则共同组成离域 π 键。若按价键结构式表达,每个 C 原子和周围 3 个 C 原子形成两个单键和一个双键。C_{60} 分子为 32 面体,由 12 个五元环面和 20 个六元环面组成,形状如足球,如图 6.5.3(a)所示,通称足球碳。C_{60} 分子有 90 条 C—C 键,其中由 2 个六元环共边的键较短,键长为 139 皮米,六元环和五元环共边的键较长,为 144 皮米,如图 6.5.3(b)所示。若近似地用价键结构式表达,30 条六元环共边的键为双键,60 条六元环和五元环共边的键为单键。

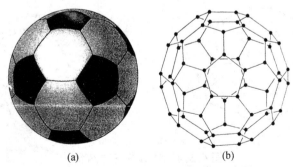

(a)　　　　　　　　(b)

图 6.5.3　(a) 足球,(b) 球碳 C_{60} 分子

除 C_{60} 外,人们还得到 C_{20} 、C_{50} 、C_{70} 、C_{72} 、C_{74} 、C_{78} 、C_{82} 、C_{84} 等许

多球碳分子。图 6.5.4 示出 C_{20}、C_{50}、C_{70}、C_{72}、C_{74} 以及 C_{78} 的两种结构的多面体。

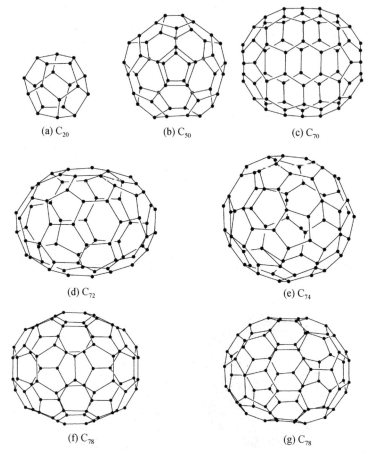

(a) C_{20}

(b) C_{50}

(c) C_{70}

(d) C_{72}

(e) C_{74}

(f) C_{78}

(g) C_{78}

图 6.5.4 球碳分子的结构

单质碳除上述 3 类同素异形体外,还存在大量的无定形碳,包括炭黑、烟炱、活性炭、焦炭等。煤是由晶态的石墨、无定形的炭以及许多有机化合物和杂质的混合物。

　　碳纳米管可看作石墨的平面层卷曲形成的管状碳管,也可看作椭球形的球碳沿着长轴不断生长形成。图 6.5.5 示出单层碳纳米管的结构。

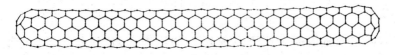

图 6.5.5　单层碳纳米管的结构

　　在烟炱的微粒中,包含有洋葱状层形结构颗粒。据观察,颗粒直径在 3～1000 纳米,理想的洋葱形碳粒第 1 层为 C_{60},第 2 层为 $2^2 \times 60$ 个碳原子,第 n 层有 $n^2 \times 60$ 个碳原子,一层包一层像洋葱,它的分子式为:

$$C_{60} @ C_{240} @ C_{540} @ C_{960} @ \cdots$$

6.5.2　纳米金刚石材料

　　纳米金刚石(nanodiamond, ND)是指粒径大小处在纳米量级的金刚石晶体。它是一种重要的合成材料。

　　从 20 世纪中期起,人们根据金刚石的密度($3.513\,\text{g} \cdot \text{cm}^{-3}$)远大于石墨的密度($2.260\,\text{g} \cdot \text{cm}^{-3}$),以石墨为原料,加镍或钴作催化剂,在高温(≈1800 K)、高压(≈6000 MPa)的密闭条件下,使石墨变成金刚石。它也可用爆炸方法、冲击波方法等进行合成。人工合成的金刚石,很难达到宝石级,主要是纳米量级的颗粒。纳米金刚石具有较高稳定性、无毒性、硬度高等特点,大部分用作磨料,广泛地应用于金属的切割、抛光硬质合金、陶瓷、光学玻璃等材料,还用于制作钻头,供地质钻探用。对于人工制造金刚石,仍在不停地进行探索研究,现在每年已能成吨地批量生产。

纳米量级的金刚石具有巨大的比表面、化学稳定性、无毒性,以及它的表面反应性能,可以用它作为研制新材料的基础,通过多种表面功能化的方法,生产特定性能的材料。这种方法是在纳米金刚石表面碳原子上连接出含有某种功能的基团,再在这些基团的基础上衍生出性能优异、分子大小合用的纳米金刚石衍生物。

6.5.3 石墨烯材料

亲爱的读者,你们也许不会想到你们每人都制造和使用过石墨烯,因为你们用铅笔写过字。铅笔不含铅,是石墨和若干黏结剂混合在一起做成的铅笔芯。你用铅笔写字时,通过手的力量将石墨分离成石墨烯,附着在纸上,显示出字形。

进入 21 世纪,盖姆(Geim)和诺沃斯洛夫(Novoselov)用膠带剥离出单层石墨烯,并研究其特性。其令人惊叹的优异性质,激发人们对这种材料产生了强烈的兴趣。

单层石墨烯中每个 C 原子和周围 3 个 C 原子以 sp^2 杂化轨

道形成 σ 键外,还有垂直于层的 p_z 轨道上电子互相叠加,形成离域 π 键,电子可在层的上下层面自由运动,显示金属性质,增加层内原子间的结合力,使这种由原子组成的六角形网格层的机械强度大大增加。有人估算,若能做一张 1 平方米的单层石墨烯,四边加以固定,这种厚度只有 0.34 纳米的网,总质量约 0.77 毫克,上面放一只猫也不会破。单层石墨烯因为非常薄,透光性好,还可以折叠。

单层石墨烯中自由运动的 π 电子,在通电时电阻非常小,不产生热量,用它制作电容器,导电功能极佳,电容量大,充电速度极快。又如多层石墨烯层间加进所需的离子或分子形成多层三明治结构的石墨烯,其中离子或分子可多可少、可大可小、可以移动。利用石墨烯制作的锂离子电池、铝离子电池等,充电速度快、电量大。石墨烯边缘上的碳原子是不饱和的碳原子,可以加上所需的化学基团,改变或调节石墨烯的功能。

将石墨烯及其衍生物和高分子材料结合制成复合材料,可以提高材料的性能。例如环氧树脂中加入少量石墨烯形成的复合材料,可以增强材料的抗疲劳强度和断裂韧性。

石墨烯是由单层碳原子组成的二维晶体,具有独特的电学特性,在现今探索研究纳米电子器件和集成电路、柔性电子器件、超灵敏传感器等新型电子器件具有广阔的应用前景。例如石墨烯具有超高的载流子迁移率和极薄的单原子层厚度,是一种极具吸引力、可代替现有的硅材料制造体积极小的晶体管的材料。

在能源领域,石墨烯作为超级电容材料、锂离子电池材料、铝离子电池材料、燃料电池材料、太阳能电池材料的应用,对发展电能生产起了重大的作用,为人们对能源需求的快速发展和减少对环境的损害,提供了发展方向。例如超级电容器能快速地储存和释放能量,能量密度超过传统的绝缘体电容器几个数量级。超级电容器具有较长的使用寿命和极高的能量密度,这些优点使能源工业的发展显现诱人前景。

石墨烯的应用前景非常广阔,其优点在于具有极薄的层状结构,用它作基础材料,可免去硅单晶切片、磨制的工序。但是纳米量级的大小,人们怎样去操作加工? 人手的大小和纳米器件的尺寸相差上亿倍。就像《西游记》神话小说中描述如来佛手的大小比本领高强的孙悟空身体大上亿倍,孙悟空一个跟头翻出十万八千里,也没有跳出如来佛的手心,如来佛以此制服孙悟空。加工纳米器件不能直接用手去操作,必须要用到极为细小的工具,大小在纳米量级,精确地进行加工,才能获得合用的器件。

请读者思考:利用纳米量级石墨烯材料制造出精美电子器件时,碰到下列问题应如何去解决?

(1)怎样在前人工作基础上,革新创造,从石墨或其他碳原料制出所需的大小尺寸的单层石墨烯、多层石墨烯,缺陷达到最少,能重复生产出规格统一的材料?

(2)怎样在层间插入所需要的离子或分子,以改变其性能,测定出它所具有的特性？

（3）怎样将上述的层加以切割、控制其大小尺寸以满足器件所要的规格？

（4）怎样在切割所得的器件边缘，使碳原子和指定的基团结合，成为所需的品质优秀的石墨烯化合物？

（5）怎样测试所得的石墨烯材料所具有的化学性质和物理性质？

（6）怎样将合格的材料组装成设计好的器件并加以测试应用？

上述许多问题摆在化学家和物理学家面前，经过十多年的努力，已得到了许多重大成果，创建出石墨烯产业。

在前面一章讨论到氢能源的利用时，关键之一是解决储氢容器。利用石墨烯和碳纤维树脂等制成储氢罐，质量轻、强度高，不会在高压下爆炸，还能防止氢气渗漏，是制造氢燃料汽车、飞机、火箭等，解决其能源的重要途径。

我国是石墨烯研究大国，有一支庞大的研究队伍，在产业化和应用上取得了优异的成绩，例如锂离子电池、铝离子电池、手机触摸屏等领域已进入量产阶段。衷心希望石墨烯的研究人员广开思路，开拓创新，持之以恒地在实践中解决遇到的难题，成为新时代的领军人物，创建领军产业。

化学是什么？化学是深入研究材料的组成、装备、结构和性质，提供科学发展创新的物质基础的科学。

第 7 章

化学是环境的保护者

7.1　环境和化学

7.1.1　环境化学

　　人和环境本是和谐一体的,生死盛衰,循环于自然。人类智慧不断增长,活动能力逐渐增强,对自然的索取超过限度,导致和谐难续,引发环境问题。当今世界,环境问题日益严重,危害人类生存繁衍。究其根源,非发展之过,乃人只顾自己需要,过分地对待环境,无视环境的承受能力所致。爱护环境,需要遵循物质的运动规律,特别是物质的化学行为。道存理随,方可万世永续。人人了解自然界物质的运动变化规律,普及化学知识,善待环境,可以起到保护环境的作用。一人之力虽微,众人之力可以成城。汇集点滴之水,可以形成江河大海,让青山秀丽,碧水长流,蓝天永在,人在其中,不亦乐乎。

人们在生产过程中所用的原料要向环境索取,所生产的成品和副产品要用到人类生存的环境之中。这些物质在环境中有两面性,在一定浓度和一定条件下会产生有利效果;而当浓度太高或太低时,在另外的条件下,则会产生有害作用。化学研究这些物质对环境有利的合适浓度和条件,开发利用其有利的一面,防止其有害一面的出现。

环境问题是社会问题,涉及许多学科,化学是其中的关键学科。化学工业生产对环境的坏影响经常超过其他门类,而环境的保护、治理和改善更多地需要依靠化学。环境化学就是在这种情况下产生的。

环境化学是应用化学的基本原理、方法、技术和手段,研究自然环境中人为排放和天然排放的各种化学物质在自然界所引发的化学过程和现象及它们对人类环境和生态系统所造成影响的一门科学。它的内容包括:① 分析和检测在各种环境要素如大气、水体、生物和土壤等环境中,化学物质尤其是污染物的背景浓度、污染物来源、存在的化学形态、时空分布;② 它们在环境中的化学特性、迁移、转化、变化规律和最终归宿;③ 这些物质给环境和生态带来的各种影响和后果;④ 在此基础上研究控制或清除污染物的原理和方法,实行治理和改善环境的实践。环境化学与许多学科紧密相关,对人类认识和解决污染物的控制、环境保护及可持续发展起着十分重要的作用。

7.1.2　社会发展和环境问题

人们在发展生产、推动社会进步的过程中,若不注意对环境的保护,会出现对环境和生态不利的结果。但是,随着社会的进步、物质财富的增长,同时关注环境的保护和改善,建造出一个环境优美的社会不是不可能的。

分析我国在 20 世纪社会发展进程中,生态环境恶化,是由下列原因造成的:

1. 环境问题历史欠债多

中国历史悠久,人口众多,战争频繁,新官上任"三把火",环境遭受严重破坏。新中国成立后,国家工农业迅速发展,植树造林、修建水利工程对生态环境的改善,抵不上"大跃进"、大炼钢铁、围湖造田、毁林开荒等生产活动对环境的破坏。

2. 现代化的起点低、进程短

中国迅速崛起,要用一百多年的时间建成现代化国家,由于起点低、设备陈旧、技术水平落后,工业生产靠拼资源、拼消耗而发展,资源利用率低,废物排放量大,浪费比较严重,对生态环境造成了很多污染破坏,难以及时地治理改善。

3. 环保思想意识淡薄

(1)在国家的发展观念上,一度过于重视经济发展的速度,导致高投入、高消耗、高污染的粗放型经济增长,忽视经济发展中生态环境付出的代价。

（2）生活消费方式没有正确引导，使得喜欢讲排场、比阔气的陋习和传统随着经济的发展而加剧，一些追逐个人利益和局部利益的短期行为，常常导致环境生态的破坏。

（3）农业生产科学指导不够，滥用农药和化肥，农村公共卫生基础设施不全，生活垃圾处理不及时。

（4）国际污染向中国转移严重，许多发达国家利用中国的资源以及廉价的劳动力，将高消耗、高排放项目放在中国进行初级产品的生产。

4. 人口对资源环境的压力巨大

我国人口多，人均资源数量少，这个不利的因素将长期地制约我国的发展并对环境生态产生压力。

从 20 世纪末开始，我国人民逐渐认识到上述问题的严重性，并且依靠社会发展所积累的物质财富，治理和改善环境。以北京为例，近十多年来借助举办奥运会的契机，生态环境得到极大的改善。作为一个普通的市民，虽不知道具体的业绩数字，外出调研也不多，但在日常生活中亲身感受到改善环境所得的实惠：

（1）用陕北输送来的天然气，淘汰掉蜂窝煤以及用煤烧锅炉，去掉昔日的炉渣、灰尘和煤烟呛人的状态。

（2）植树造林、养花种草，从城区到郊区全都绿化，青翠的树木、森林覆盖山冈,艳丽的花卉布满街道路边。虽然这些年来北京是一个大的建筑工地,但依然能感受到环境的秀美。

(3)首钢等高烟囱企业迁出市区,剩余供暖锅炉烟囱冒出的仅是白色水雾。听到 BTV 报道空气质量,优良占绝大多数。从北大校园遥望西山,可看到清晰的山体轮廓。

(4)进公园上厕所,没有臭味,环境清洁。

笔者借此机会建议全国人民逐渐革除过年放鞭炮焰火的习惯。放一次鞭炮仅仅热闹几分钟,而整个社会为此付出数量巨大的化学药品、相关材料以及大量的辛勤劳动。过年前后近一个月,门前街道铺满纸屑及未燃完的余烬,空气中飘着浓浓的氮氧化物和硫氧化物等带臭味的有害气体,声音吵得小孩、老人和病人不能安静休息。更有甚者,清洁工人在大年初一就得扫除数以百吨计的垃圾,医院大夫要救治许多因放鞭炮而受伤的病人。放鞭炮严重地破坏美好的环境。

近年来,制作鞭炮焰火的厂家为了追求高利润,加大火药的用量,爆炸威力不断增大,给人民生命和财产带来巨大的威胁和损失。2009 年 2 月,中央电视台新楼的建筑工地,因周边施放礼花引起火灾,消防人员 1 死 6 伤,直接经济损失达 1.6 亿元,间接的经济损失之巨和对国家声誉损害之大,更是难以计算。2010 年 12 月湖南宁乡县一辆运送鞭炮的货车发生爆炸,当场炸死 9 人,重伤 9 人,车辆全毁,周边 50 米内数十间房屋被震坏。化学工作者有义务身体力行,不放鞭炮,并用各种方式宣传放鞭炮对社会和环境的危害,消除这种不良的风俗习惯,提高这类产业的质量。

2018 年 1 月,北京市政府正式规定五环路以内的城区全年都禁止燃放烟花爆竹,五环路以外的郊区由当地政府划定哪些地域为禁放区,燃放烟花爆竹只能在指定的地点进行。这个规定为改善环境、平安生活创造了条件。我们从事化学教育和化学工作的读者,除了积极拥护、严格遵守政府的规定外,还有责任借此机会普及化学知识,为改善坏境、保护人民大众的健康作贡献。

7.1.3 绿色化学

绿色是环境保护的代名词。绿色化学又称清洁生产,它和环境化学密切相关。环境化学着重研究影响环境的化学问题,绿色化学研究对环境友好的化学生产过程。绿色化学是利用化学原理从源头上减少或消除化学品在生产和使用过程中对环境的污染,是引导化学家和化学工程师密切关注化学生产的整个周期,生产出对人类和环境安全的化合物,不仅对人类健康,也包括生态环境、动物、植物和水生生物的和谐发展,不仅考虑直接影响,而且考虑转化物和代谢物等的间接影响。绿色化学是能够达到下列要求的工业化学:

(1)生产化学产品的方法能最低限度地排放废物和废气;

（2）使能耗、物耗最低化；

（3）发展对环境没有破坏性和毒性的新产品；

（4）循环使用原料，使生产一种产品的废物成为生产下一产品的原料，最终没有废料和废气出现。

实现清洁生产要求化学家和化学工程师全方位地把握生产过程。首先要通过化学分析了解生产中的原料、产品和排放物的化学成分和性质，生产过程各阶段所起的化学反应情况，所得产品的质量，有无夹杂污染物，排放物怎样加以利用等；其次要对生产的化学反应进行研究，用同样原料、不同生产过程或使用不同的催化剂对产品的质和量进行比较，还要对排放物的多少和品种进行比较，借以选出最优的生产工艺和流程。

清洁生产需要化学家发挥聪明才智。例如以前用作聚苯乙烯塑料发泡剂的氟氯烃在生产过程中会散布到大气中，逐渐对流到高空，破坏臭氧层，改用二氧化碳代替氟氯烃，大大减少了污染。又如以烯烃烷基化反应生产乙烯和异丙苯的过程中，以前用氢氟酸溶液作催化剂，污染较大，将它改用固定床分子筛酸性催化剂，大大减少了对环境的污染。

清洁生产也需要广大人民群众的参加。例如塑料的年产量达 1 亿吨，其中部分用作包装袋、饭盒和地膜等。现在我国每天生产的塑料袋数目达 30 亿个，这些袋、盒和膜用过以后常常是随手丢弃，田间地头、街头巷尾、公路和铁路沿线到处可见白色塑料废弃物,已经造成了一种"白色污染"。加强环境意识教育,节约利用、回收再利用,当会有显著效果。

绿色化学指引改善环境的最有效措施是植树造林,依靠自然的力量可持续发展。2017 年底,距离北京北面约 200 千米的塞罕坝 112 万亩(1 亩＝666.6 平方米)世界上最大的人工林,荣获联合国地球卫士奖,就是一个用汗水铸就的光辉榜样。

1962 年,369 名青年人奔赴内蒙古塞罕坝林场,他们以艰苦奋斗的精神,扎根落户在荒漠,55 年来寒来暑往,一代接一代坚持植树造林,三代人依靠科技创新力量和艰苦奋斗精神,使沙漠变绿洲,荒原变林海,筑牢绿色发展的根基,铸就绿色长城。

112 万亩人工种植的森林,在五十多年生长过程中,在阳光照射下,不断吸收二氧化碳和水,通过叶绿素等进行化学反应,转变为纤维素,成为大树成长的骨干。纤维素分子的化学分子式为$(C_6H_{10}O_5)_n$,分子量为 $162n$,分子中的碳原子,主要来自 CO_2,每个纤维素分子需要 $6n$ 个 CO_2,相应的分子量之和为：

$$6n \times 44 = 264n$$

由计算可见,树木生长 1 吨纤维素,需吸收 1.6 吨二氧化碳。

五十多年来,每亩每年生长的树木,包括根、茎、叶、树皮,近似地按 1 吨纤维素计算,塞罕坝林场累计为大气减少二氧化碳约 1 亿吨,对改善环境作出重大贡献。另据报道,现在塞罕坝每年向京、津、冀提供净水 1.37 亿立方米,释放氧气 55 万吨,并以它的植被阻止风沙向南侵袭,成为守卫京津的生态屏障。

7.2　水的污染和治理

人类的生存离不开水,工农业生产也离不开水。在地球上,海洋盐水占 97.4%,而江河、湖泊、冰川和地下水等淡水只占 2.6%。洁净的淡水资源是一种十分珍贵的社会财富。化学的一项重要任务是保证为社会提供洁净的淡水,为此要了解水体受到污染的程度和原因,并针对不同的水质和不同的用途对水进行净化治理。

7.2.1　水体的污染

水体是指水和水中溶解物质、水中悬浮物、水生生物和泥底的总称。泥底也包括在水体中,是因为它所含的杂质会不停地向水中扩散。水体被污染是指水体中污染物的含量超过水体的本体含量及其自净能力,造成水质恶化,破坏水体的正常功能,降低其使用价值。

随着人们生活水平的提高和工农业生产的发展,若不注意珍惜爱护水资源,很容易造成水体污染的严重问题。水体受污染的途径可归纳如下:

(1)城市生活废水和生活垃圾大量增加,有许多是人和动物的排泄物,其中含有有机物甚至病原体,它们排入江河湖海,或堆放地面,直接或间接地进入水体。

(2)农业生产中施用大量化肥和农药,工业生产中排放大量的废水、烟尘、废渣、废液。这些物质有的未经处理直接排入水体,有的通过风吹、雨淋进入水体,有的通过地下水进入水体。

(3)过度砍伐森林、放牧开荒、破坏草原植被,使雨水直接冲刷土地,夹带大量泥沙、废物,滚滚浊流进入江河湖海。

(4)用水量增大,有限的淡水资源难以为继,破坏水的正常循环,破坏生态平衡,超过水的自净能力。

水体受污染的问题和人们的生活及工农业生产都有着极密切的联系。首先它影响人体的健康,现在全世界约有 2/3 人口的饮用水达不到安全水平;其次水的品质会影响工农业生产,对产品的品质和成本有很大影响,水质不好,会增加水处理费用,损坏设备,会造成工业产品不合格,农产品(如蔬菜、鱼虾)的质量下降。

化学的作用首先是对水质进行分析,了解水体所含杂质的化学组成及其来源,这是一项不能停顿而繁重的工作。一旦检测到污染物的来源,就要千方百计在源头加以处理。其次是根据用途及所含杂质拟定处理的方法。

7.2.2 水的治理

根据不同的水质和用途,对水进行净化处理。

1. 饮用水

饮用水是指对人体无害而又无臭、无味,适合人们饮用的水。除符合饮用条件的山泉、井水以外,取自江河、湖泊中的水一般要经过除去悬浮物和消毒两方面的处理。水中的悬浮物往往呈细小的胶体状态,不易通过沉降和过滤除去,通常是加入少量的明矾$[KAl(SO_4)_2 \cdot 12H_2O]$,使它在水中形成氢氧化铝等,将水中悬浮物一起聚沉于底部除去。如果水中的重金属离子和F^-等负离子含量不高,符合饮用标准,消毒的方法可将水煮沸饮用,也可在水中加漂白粉或氯气,或用紫外线照射消毒杀菌饮用。

2. 工业用水软化处理

水中含金属离子对于不同化学反应生产流程常有害处,需要加以处理除去,水中含Ca^{2+}、Mg^{2+}和Fe^{2+}等离子的称为硬水。硬水中存在的负离子一般是Cl^-、SO_4^{2-}和HCO_3^-。

通常把水中含有的Ca^{2+}、Mg^{2+}等的总浓度称为硬度。水的硬度单位是$mmol \cdot dm^{-3}$或$mol \cdot m^{-3}$。水的硬度名称和浓度关系如下:

硬度/$(mmol \cdot dm^{-3})$	>4.5	3.0~4.5	1.5~3.0	0.5~1.5	<0.5
名　称	极硬水	硬水	中硬水	软水	极软水

含HCO_3^-的水称为暂时硬水,加热煮沸产生碳酸盐沉淀,就可使水软化,反应如下:

$$Ca^{2+} + 2HCO_3^- \xrightarrow{\text{煮沸}} CaCO_3 \downarrow + CO_2 \uparrow + H_2O$$

含 Cl^- 和 SO_4^{2-} 等的硬水,不能通过煮沸变软,常用下面两种方法软化:

(1) 加碳酸钠或石灰乳$[Ca(OH)_2]$,使它们和 Ca^{2+}、Mg^{2+} 等形成碳酸盐沉淀:

$$CaSO_4 + Na_2CO_3 \longrightarrow CaCO_3 \downarrow + Na_2SO_4$$

$$Ca(HCO_3)_2 + Ca(OH)_2 \longrightarrow 2CaCO_3 \downarrow + 2H_2O$$

(2) 离子交换法软化,将水通过钠型的聚苯乙烯磺酸型离子交换树脂,使水中的 Ca^{2+} 置换树脂上的 Na^+ 而除去 Ca^{2+}。含 Ca^{2+} 的树脂可用浓食盐水使之再生。

3. 有毒元素和离子的处理

若干有毒元素和离子在水中的状态、来源、毒性及饮水中的限量列于表 7.2.1 中。对表中所列的元素和离子,首先要分析它们的浓度及其来源,浓度超标的必须加以清除。一般是用化学的方法,即加进和这些有毒成分能生成沉淀或能将其氧化还原成另一种无毒物种的制剂。

下面列出一些具体的方法:

(1) 沉淀法

大多数重金属离子(M^{2+})在碱性溶液中都会和 OH^- 生成氢氧化物沉淀:

$$M^{2+} + 2OH^- \longrightarrow M(OH)_2 \downarrow$$

含 CrO_4^{2-} 离子可用钡盐作沉淀剂:

$$CrO_4^{2-} + Ba^{2+} \longrightarrow BaCrO_4 \downarrow$$

表 7.2.1 水中的有毒元素和离子

元素和离子	通常状态	来源	毒性	饮水中限量 /(mg·dm^{-3})
镉	Cd^{2+}	电镀液、废弃的含镉电池	骨痛病,损害肾	0.01
铬	$Cr_2O_7^{2-}$(酸性溶液) CrO_4^{2-}(碱性溶液)	电镀液	可疑致癌物	0.05
铅	Pb^{2+}	铅管道、铅颜料、汽油添加剂	贫血、肾衰退	0.1
汞	Hg^{2+},Hg_2^{2+}, CH_3Hg^+	汞电极、电解厂废水	水俣病、瘫痪、神经损害	0.001
砷	AsO_2^-	农药、冶炼	肾衰退、精神紊乱	0.04
氰	CN^-	电镀液	致命	0.05

(2)氧化还原法

氰化物可在碱性条件下,用次氯酸钠($NaClO$,漂白粉的主要成分)使之产生 Cl_2,氧化 CN^- 成为无毒成分:

$$2CN^- + 5Cl_2 + 10OH^- \longrightarrow N_2 \uparrow + 2HCO_3^- + 10Cl^- + 4H_2O$$

用此方法还可同时除色、除臭,以及除去硫化物、酚和醛等。

水中的 Hg^{2+} 可加入铁粉或锌粉,使之还原沉淀除去:

$$Hg^{2+} + Zn \longrightarrow Hg \downarrow + Zn^{2+}$$

人们对水中包含元素的认识,是随着对人们饮用及接触到的水的治理而加深的。现在认为水中的元素可以分为三类:第一类是人体必需元素,它除碳、氢、氧、氮、磷等之外,还有钠、钾、镁、钙、铁、钴、锂等金属元素和硼,人体需要这些元素,稍有欠缺,会导致生理平衡的破坏,产生疾病,但是又不能过量。第二类是锌、铜、锰、铬、硒、砷等,人体需要微量。有的要注意,所需量是依赖于该元素所形成的化合物而定。第三类是人体完全不需要的元素,如镉和铅。人们对铅的毒害的认识还是近二十多年来随着医学科学的发展而逐步提高的。

7.3　气候变暖和低碳化学

地球气候变暖已引起全世界人们的关注。自 1860 年有气象仪器观测记录以来,在 150 年间,全球平均气温升高了 0.6℃。最暖的 13 个年份均出现在 1983 年以后。我国自 1985 年以来,连续出现了 16 个全国范围的暖冬。为什么气候会变暖?它对环境、生态有什么影响?化学应该怎样和其他学科一起应对这种气温升高的趋势?

7.3.1　地球气候变暖的原因

地球气候变暖的原因,有人认为是人类文明发展,用大量煤炭炼钢铁、生产水泥,用来修路、建楼,外出坐车、坐飞机,居家烧暖气、开冷气,大量使用能源、大量放出热量所引起。其实不然,全球气候变暖的原因不是这么简单。目前人类一年使用的全部能源约相当于 100 亿吨石油,按标准油的热值 41.82 兆焦/千克计,全部能源燃烧放出的热量为 $4.2×10^{14}$ 兆焦,如果把这些热量全部用来加热海水($1.4×10^{21}$ 千克),仅仅能使海水的温度上升 $7×10^{-5}$ ℃,也就是说,每年用这些热量给海水持续加热 1 万年,海水的温度也增加不到 1℃。显然,地球变暖不能简单地归因于人类使用能源放出的热量所致。

使地球变暖的原因,在于大气的化学成分起了变化,温室气体增加,出现温室效应所致。主要的温室气体是二氧化碳(CO_2)和甲烷(CH_4)。

对温室效应的理解要从太阳辐射的能量和围绕地球的大气中各种分子的结构来分析。太阳辐射的能量主要是短波辐射,包括可见光和紫外光。地球吸收太阳能量的同时,也向太空辐射能量,达到能量收支平衡,维持地球表面的正常温度(大约 15℃),这种温度辐射的能量属低温辐射,即它是长波辐射。太阳光照射到地球的表面上,地表大气中的单原子分子,如氦(He)、氖(Ne)、氩(Ar)等气体,以及双原子分子,如氮气(N_2)、氧气(O_2)和氢气(H_2)等,对太阳短波辐射的吸收很少,是微不足道的,即对太阳光是透明的;同样,这些单原子分子和双原子分子对地球辐射到太空的低温辐射也吸收很少,也是透明的。对于三原子和三原子以上的多原子分子,如二氧化碳(CO_2)、卤代烃(如氟氯烃、卤代烷)、臭氧(O_3)、氧化亚氮(N_2O)和甲烷(CH_4)

等,它们对辐射的吸收性能就不同了,它们对太阳的短波辐射是"透明"的,但对地球表面发出的长波辐射有较强的吸收作用,是"不透明"的。当离地面为1万米到5万米高空的平流层中CO_2和CH_4的浓度增加时,就会阻挡由地表发射到太空的长波辐射,即会减少由地球散发到宇宙太空中的能量,使地球的温度升高。这种含有较多CO_2和CH_4的大气,在地球表面形成了一个无形的保温罩子,使地球形成一个温室。这种作用称为温室效应,CO_2和CH_4等称为温室气体。现在人们认为温室效应是使地球气候变暖的主要原因。

1992年《联合国气候变化框架公约》中控制的六种温室气体以及它们在大气中能存在的生存期限、对气候变化的潜在影响的大小、对温室效应的"贡献"等情况,列于表7.3.1中。

表7.3.1　大气中主要的温室气体

名　　称	分子式	生存期限/年	一个分子的相对潜在影响	对温室效应的"贡献"/(%)(1996)
二氧化碳	CO_2	30~100	1	63.8
甲烷	CH_4	12~17	56	19.2
氧化亚氮	N_2O	120	280	5.7
氢氟碳化合物	—	300	5000	0.4
全氟碳化物	—	>10000	4000	—
六氟化硫	SF_6	>10000	3200	0.3
卤代烃	—	—	—	10.0

由表 7.3.1 可见,CO_2 对温室效应的贡献近 2/3,是主要的。它在大气中的体积分数由 1958 年的 $3.15×10^{-4}$,增加到 1992 年的 $3.55×10^{-4}$ 和现在的 $3.8×10^{-4}$。每年增加值大约 $25×10^8$ 吨。其中燃烧煤和燃烧油分别占 31%,燃烧天然气占 13%。

甲烷作为温室气体,它一个分子的潜在影响是一个二氧化碳分子的 56 倍,但它在大气中的含量比 CO_2 要低 2~3 个数量级,"贡献"却达到 19%。而且它增加很快,特别是当气候变暖,寒带和冻土层中天然气水合物释放量增加,"贡献"也将增大。

表中虚线以下所列的卤代烃包括氟、氯、溴、碘的碳氢化合物、气体分子,包括常见的四氯化碳、四氟化碳、氟氯烃,它是人工合成物质,这类物质性质稳定、不易燃烧,被广泛用作冷冻剂、清洗剂、灭火剂、喷雾剂。它们因引起大气平流层中臭氧层的破坏而出名,广为人知,它们也是主要的温室气体,在平流层稳定存在时间很长,对温室效应的"贡献"达 10%。将它们归为一起,按同一类化合物计,所造成的影响已名列第三。

7.3.2 气候变暖对环境生态的影响

气候变暖对全球生态环境的影响引起人们极大关注,对它可能的后果有着许多推测和预计。

第一,南、北极地区冰雪的消融,导致海平面升高,威胁沿海和低海拔地区人类的生活。据报道,北极地区气候变暖的速度比其他地区更快,冰的总覆盖率在下降,北冰洋的海冰面积近 10 年来缩小 9%,海冰的大量融化使北极地区反射太阳光能力减弱,没有冰盖的裸露水面吸收太阳能多,进一步增加地球变暖的趋势。记录表明,20 世纪海平面升高了近 20 厘米,有人预测 21 世纪末全球海平面有可能上升近 1 米,这对一些沿海和低海拔地区将是灭顶之灾。例如,印度洋上岛国马尔代夫将没入海中,孟加拉国有 1700 万人居住在海拔不足 1 米的地区,将丧失家园,许多沿海地区亿万人口的生活将受到威胁。

第二,气候变暖,山地上的冰川在退缩。据报道,喜马拉雅山脉冰川每年退缩达 10~15 米,青藏高原地区的冰川面积近 30 年来缩减了 4400 多平方千米,比 20 世纪 70 年代减少了 9%。这对依赖冰川积雪获得水资源的地方构成威胁,对周围地区生态环境产生了明显影响,洪涝和干旱交替加剧。

第三,气候变暖将使极端天气的发生频率增高。近年席卷北半球天气的热浪为许多地区创下前所未有的记录。气候变暖也引发一些台风、洪水、冰雹、寒流等极端天气事件,或使这些自然灾害更为猛烈。

第四,气候变暖使生态环境发生变化,对生态的破坏力会急剧上升,这对农业生产以及人类的健康也会带来影响。

第五,更为严重的后果是原来冻土地带中甲烷气体水合物融化,释放出更多的甲烷到大气中,造成大气中温室气体浓度增加,温室效应加大,自然的力量促使地球变暖加剧。

有众多科学家认为,全球平均气温比工业革命前(即 1750 年前)升高 2℃,是引发灾难的临界点。现在已增温 0.8℃,只差 1.2℃。预计当大气中 CO_2 含量达 $4×10^{-4}$ 时,就不可避免地导致全球增温 2℃。目前 CO_2 含量已达 $3.8×10^{-4}$,而且每年以 $2×10^{-6}$ 在增长,10 年内就会超过 $4×10^{-4}$ 的临界值。摆在世界人民面前的形势是非常严峻的。

7.3.3　实现低碳化学,缓和气候变暖

化学已利用它的慧眼查明气候变暖和极端气候产生的元凶,这有利于全体人民采取行动予以制服。

首先要推动全民学习化学知识,认识温室气体中主要成分是 CO_2,要发展低碳产业,替代高碳产业。这个问题对我国来说是十分艰巨的任务。

我国是世界上人口最多的国家,也是最大的煤炭生产国和消费国,现在温室气体排放量仅次于美国,居世界第二。预计不久,会居于首位。在目前的工业生产中,钢铁、建材、电力、汽车、

化工、机械等都是大量消耗化石能源,排放大量二氧化碳的工业。工业生产面临着能源和环境的双重压力。学习化学知识、节能减排和低碳生产的知识,深入思考所在的企业走向没有废气、废渣和热能的排放途径,实现高效的原子循环用于生产,已成为我国全民关注的大事。

其次,控制高排碳和高能耗产业,特别是有些在线生产的产品,其产量已超出国内需求,但因它在国际市场上走俏,仍争先恐后地建设生产线,竞相出口产品,这种为别国提供高能耗、高排放产品的产业,宜及早控制。鼓励开发低碳新能源,特别是可持续发展的能源,如太阳能电池、风力发电等。

最后,积极植树造林。森林利用大气中已有的二氧化碳进行光合作用,使它和水在植物的叶绿素中结合成糖类物质,包括纤维素和淀粉等。植树造林可以防止水土流失、干旱灾荒,减少大气中的二氧化碳,在我国已取得巨大成就,自 1980 年至 2005 年的 25 年间,我国森林覆盖率提高到 18%,累计吸收的二氧化碳约 30 亿吨,约占我国人为排放量的 10%。可以预计,随着森林长大,吸收的二氧化碳会逐年增加。

化学是什么?化学是一门使人类具有慧眼,能识别出隐藏在大气中使地球变暖并发生极端气候的元凶,而且能找到制服这些元凶的方法的基础科学。

7.4　大　气　化　学

7.4.1　大气圈概况

大气指包围整个地球的空气层。由于受地心引力的作用，大气在垂直地面方向的分布并不均匀，按质量计，50%集中在离地面 5 千米以下，75%集中在 10 千米以下，90%集中在 30 千米以下，剩余 10%分布在 30～1000 千米高空之中。超过 1000 千米，大气极为稀薄，地心引力微弱，大气物质将容易摆脱地球引力而进入宇宙空间。

根据大气温度随垂直地面高度变化的特征，将大气层分为对流层、平流层、中间层、热成层和逸散层，如图 7.4.1 所示。

1. 对流层

对流层是最靠近地面的大气层，厚度约 12 千米，这层存在着强烈的垂直对流作用，故名。对流层里水汽、尘埃较多。雨、雪、云、雾、雷电等主要的天气现象和过程都发生在这一层里。这层大气对人类的影响最大，大气污染通常是指这一层靠地面 2 千米范围。对流层内大气温度随高度的增加而下降，大约平均达 6.5℃／千米。

2. 平流层

平流层是从对流层顶到约 52 千米高度范围的大气层，也称

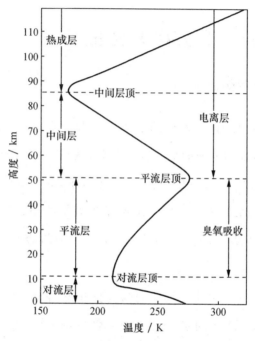

图 7.4.1　大气圈的分层结构

同温层。其下部有一很明显的温度稳定区,然后随高度增加而温度上升,其原因是地表辐射影响减少以及氧和臭氧对太阳辐射吸收加热,这种温度结构抑制大气垂直对流运动,而主要作水平方向运动。

3. 中间层

中间层是由平流层顶到约 86 千米高度范围的大气层。在这层中温度随高度增加而下降,到中间层顶,气温达到极低值,约为 180 K。

4. 热成层

热成层是由中间层顶到约 800 千米处的大气层,其温度随高度增加而上升,白天最高温度可达 1250~1750 K。由于太阳和其他星球辐射各种射线,该层中大部分空气分子发生电离,成为原子、离子和自由电子,所以这层也叫电离层。

5. 逸散层

逸散层是在热成层以上的大气层,也称外大气层。

化学家已对离地不同高度的化学成分进行了测定,了解它们的形成、变化及对人们生活的影响。例如气体元素氦是填充放飞气球以及核磁共振扫描仪和深海潜水设备的气体,如果不珍惜使用,充氦气球直飞高空,氦气消失在外太空中,会减少氦的使用年限。

7.4.2 臭氧层的破坏和挽救

现代分析化学测定的结果说明:围绕地球的臭氧层,在 20 世纪的后 30 年间已遭到严重的损耗破坏。南极上空臭氧总量 1979 年为 290 DU,1987 年降为 121 DU,1991 年降为 110 DU。1994 年国际臭氧委员会宣布:1969 年以来,全球臭氧总量减少了 10%,南极上空下降了 70%,南极上空已出现了大面积的臭氧洞。上述的 DU 表示该处的臭氧总量以多布森单位(DU)表示,它相当于每 10 亿个空气分子和原子中有大约 1 个臭氧分子。

为什么地处高空的臭氧层会遭到破坏呢？这要从大气层的结构和性质来了解。

从地表到对流层顶部，气温约从 15℃ 降至 −56℃（见图 7.4.1），再往上到 50 千米左右是平流层顶部，气温又升至约 −2℃。对流层顶的低温，使水和一般污染物到此都凝结下落，保护了平流层。由于平流层中大气在垂直方向对流很少，而水平方向混合得快，有害污染物一旦进入平流层，可能在那里滞留数年之久，影响整个地球。

从对流层扩散到平流层的破坏臭氧的污染物主要为氮氧化物（NO_x）和氯氟烃。氯氟烃是如 $CFCl_3$、CF_2Cl_2 等若干种氯和氟置换的甲、乙、丙烷的总称，商品名为氟里昂（freon）。另外，在平流层飞行的飞机直接把 NO 和 H_2O 等排放入平流层。氮氧化物和氯氟烃是破坏臭氧层的主要物质。

破坏臭氧层的机理是按链式反应进行的，一个污染物分子平均可破坏上千个 O_3 分子，破坏 O_3 的机理如下：

① 氮氧化物破坏 O_3 的机理：

$$NO_2 + h\nu \longrightarrow NO + O$$

$$O_3 + NO \longrightarrow NO_2 + O_2$$

总反应：$O_3 + h\nu \longrightarrow O_2 + O$

② 氯氟烃破坏 O_3 的机理，是紫外光子打断 C—Cl 键，产生

Cl 原子自由基：

$$CF_2Cl_2 + h\nu \longrightarrow Cl + CF_2Cl$$

Cl 原子自由基具有强烈的和 O_3 作用的功能：

$$O_3 + Cl \longrightarrow ClO + O_2$$

$$ClO + O \longrightarrow Cl + O_2$$

$$\text{总反应：} O_3 + O \longrightarrow 2O_2$$

大气中的臭氧只占大气组成的千万分之几,其中平流层臭氧占大气总臭氧的 91%。在高度为 15～35 千米处浓度较高,但也只有大气的十万分之一（10^{-5}）左右。

化学家和物理学家一起,共同努力对臭氧进行科学研究,为人类做了好事：

第一,精确测定臭氧的物理性质,臭氧对波长为 220～330 纳米范围的紫外线有强吸收作用,大气中的臭氧能有效地吸收波长为 290～320 纳米的中波段紫外线,因它照射到人体会降低人体免疫功能、危害呼吸器官和眼睛、增加皮肤癌的发病率。臭氧的存在使地球上的生命免受紫外线的伤害,科学家提出散布在大气中的臭氧是"人类的保护伞"的观点,引起大家重视。

第二,测定大气中臭氧含量逐渐降低的实验事实,以化学科学的原理说明臭氧分子被破坏的原因,并从生物化学的研究说明大气中臭氧含量降低的危害：臭氧减少 1%,到达地面的对人体有害的紫外线将增加 2%,白色人种皮肤癌发病率增加 4%。

第三,从化学科学的研究说明大气中臭氧遭受破坏的主要原因是广泛地应用于制冷、工业溶剂、清洗剂和气溶胶中的氟里昂等。在国际上取得共识,签订公约,限制这些化学品的生产量、使用量和停用时间。

由于全世界人民重视保护臭氧层,近年来臭氧层已经逐渐恢复。这是世界人民共同努力和环境和谐相处的可喜成果,也是化学对人类作出的贡献。

7.4.3 大气污染物和 PM 2.5

1. 大气污染物

污染物的意义并不是绝对的。污染物可以说是在不适当的地点以不适当的浓度存在的物质。例如,臭氧是高空(平流层)大气的重要天然成分,可以保护人类免受紫外线伤害,而它在地表的空气中却是十分有害的气体,是一种污染物。按化学成分分类,对流层中主要的大气污染物列于表 7.4.1 中。

表 7.4.1 对流层中主要的大气污染物

分 类	大气污染物
含硫化合物	SO_2、SO_3、H_2SO_4、H_2S、硫醇等
含氮化合物	NO、NO_2、NH_3 等
臭氧和过氧化物	O_3、过氧化物等
卤素及卤化物	Cl_2、HCl、HF、氟里昂等

（续表）

分　类	大气污染物
碳的氧化物	CO、CO_2
有机物	烃、甲醛、有机酸、焦油等
颗粒物及气溶胶	炭粒、金属尘粒、飞灰

　　大气污染物的来源有天然源和人为源。从天然源看,火山爆发产生二氧化硫、硫化氢、气溶胶和烟尘等;生物腐烂会释放出二氧化碳、硫化氢、氨、甲烷;森林着火产生碳氧化物、气溶胶;雷电产生氮氧化物、臭氧等。从人为源看,大气污染物主要来自燃料燃烧,化肥、农药的使用,工业生产中各种废气的排放,生活垃圾和工业废渣的排放。人类生活的改善和工农业的发展,使燃料用量大幅度上升,废气大量排放,造成大气污染日益严重。

　　通常以五种主要的空气污染物,包括 SO_2、CO、NO_2、O_3 和悬浮颗粒物等在空气中的浓度作为空气品质判别标准,将空气品质分成若干等级。由于 NO_2 可转变为硝酸、产生烟雾,加之它的直接来源都是汽车尾气和燃料燃烧产生的人为源,所以一般不用氮氧化物 NO_x,而只用二氧化氮 NO_2 作空气品质标准。悬浮颗粒物指悬浮于空气中的固体和液体的微小颗粒。大风扬起的尘埃、汽车排出的尾气、工农业生产中排放的烟尘等都会产生悬浮颗粒物。不同的化学成分和颗粒的大小对人的危害不同。

2. 雾霾和 PM 2.5

大气中的悬浮颗粒物又称雾霾或气溶胶。水滴分散在大气中形成的气溶胶称雾或水雾;固体微粒分散在大气中形成的气溶胶称为霾或烟雾。水雾由微小水滴形成,太阳一晒就会消失,烟雾是"干雾",阳光不能使它消失。烟雾又称"灰霾",使天空灰蒙蒙、能见度降低,眼前好像蒙上一层薄纱。有时固体微粒表面有水存在,它既是水雾又是干雾,也称雾霾或烟雾。

有两类化合物形成的烟雾引起人们的重视。一类主要是由二氧化硫所引发的硫酸烟雾,另一类主要是由氮氧化物引发的光化学烟雾。

二氧化硫吸附在烟雾微粒表面上,受到微粒所含铁元素等的催化氧化,形成三氧化硫,它和微粒表面的水或水雾中的水相遇,和水起化学作用形成硫酸烟雾:

$$2SO_2 + O_2 \longrightarrow 2SO_3$$

$$SO_3 + H_2O \longrightarrow H_2SO_4$$

由于单纯二氧化硫的危害性小于硫酸烟雾,为了防止它形成,既要在烟道气排放前进行脱硫处理,还要减少固体烟尘颗粒物的排放。

光化学烟雾是由氮氧化物(NO_x)和烃类有机化合物气体在强烈阳光辐照下发生一系列化学反应形成的。汽车尾气含有不完全燃烧的烃类气体和氮氧化物,它与石油化工中的排放物是主要的污染源。光化学烟雾形成时产生大量臭氧,臭氧成为光化学烟雾的标志物,可借以判别烟雾可能形成及其严重程度,警示人们采取避险措施。

雾霾是关系到大气质量的重要因素。如前面所述,雾是水蒸气凝结形成的小水滴,是自然出现的天气问题,纯粹的雾在气温升高后,水滴蒸发成水蒸气而消散。霾是尘埃的小颗粒,是人们在生产和生活中燃烧煤炭、汽油及排放汽车尾气等,散发到大气中的小颗粒。雾和霾来源不同,化学成分有差异,但两者有密切的关联。将雾水收集,当它蒸发干燥后,残留许多固体小颗粒,即雾滴包含着霾出现在大气中,雾和霾相互联系,通称雾霾。

PM 2.5 指直径小于或等于 2.5 微米(μm,10^{-6} 米)、悬浮于大气中的细颗粒物,所用单位为微克/立方米,即每立方米大气中包含细颗粒的质量,以微克计。选择 PM 2.5,而不采用 PM 10 或其他数字是由于通过实验了解到直径大于 2.5 微米的颗粒物大部分易于沉积在鼻腔和口腔的黏膜,而粒径等于或小于 2.5 微米的细颗粒物容易进入支气管,对人的健康影响大。而且 PM 2.5 对阳光的散射效应和吸收效应强。

雾霾对环境有重大影响:第一,当大气中存在雾霾,对阳光进行吸收和散射效应,使能见度降低,影响飞机的升降和航行,影响道路上车辆的通行。根据实验测定,雾霾颗粒大于 2.5 微米时影响较小。第二,雾霾影响人体的健康。粒径小于或等于

2.5 微米的雾霾容易进入支气管,干扰肺部气体的交换,引发哮喘、支气管炎和心血管疾病。每人每天平均要吸入约 1 万升空气,包含雾霾数量多,对人体健康的影响大,是人们关注的重大问题。

7.4.4 酸雨

酸雨是指带酸性的雨水、雪和雾等来自大气的不同形式的水。雨水变酸是由于大气污染物造成的,这里所指的污染物主要是硫酸和硝酸。二氧化碳溶于水形成碳酸,所以二氧化碳俗称碳酸气。在含有碳酸的雨水中会产生电离平衡如下:

$$CO_2 + H_2O \longrightarrow H_2CO_3$$

$$H_2CO_3 \rightleftharpoons H^+ + HCO_3^-$$

所以二氧化碳的水溶液呈酸性,它的 pH 最低可达 5.7。这种单纯由 CO_2 引起变酸的雨水不算酸雨。雨水含有其他酸性物质使 pH 小于 5.6 者定义为酸雨。大气污染物中导致酸雨产生的硫酸和硝酸,两者共占酸雨总酸量的 90% 以上。大凡以石油为主要燃料的地区,酸雨组成中硝酸成分较多;以煤为主要燃料的地区,硫酸成分较多。

导致酸雨形成的因素有自然源和人为源。自然界由于火山爆发、森林失火、雷电产生的高温、微生物的分解等都会产生硫的氧化物和氮氧化物,导致硫酸和硝酸的形成。有估计表明:大气中 SO_2 的来源中自然源占 90%,人为源约占 10%;NO_x 的自然源占 60%，人为源占 40%。但是一般考虑酸雨的形成，为什么不计自然源呢？这是因为自然源的酸性气体物质分散于全球大气，成为大气酸性气体计量的背景值，这个数值是很低的。据监测，大气对流层中 SO_2 的背景值仅为 $1×10^{-9}$，而 NO_x 自然源的背景值比 SO_2 还要低一个数量级，所以这两者都可以不必考虑自然源。人为排放的污染源，虽然比自然源少，却主要散布在局部地区的低层大气，其浓度比背景值一般要高 2～3 个数量级，所以它是形成酸雨的主要因素。

是不是大气中有了酸性气体（SO_2、NO_x），就一定导致酸雨呢？不是。我国有世界上酸雨严重的地区，它主要分布在长江流域，西起四川峨眉山，经重庆、贵州遵义、湖南长沙，向东直至安徽。北方酸雨较少，工业发达、用煤很多的京津唐地区就无酸雨，其原因是这个地区的土壤和地壳矿物成分中的碱金属如 Na、K，碱土金属如 Mg、Ca 含量较多，它们成为气溶胶转入大气后，与云中的酸发生中和作用，降低了雨水中的酸性，不形成酸雨。而南方雨水充沛，降水多，土壤和地壳中的碱金属和碱土金属多被淋溶，转入大气的碱性物质较少，而土壤中含量丰富的铁、锰、铝氧化物，以黏土的形式存在，它们转入大气后，有加速 SO_2 转化为硫酸的作用，其本身还会水解生成酸，更加强了雨水的酸度。

酸雨危害生态环境、腐蚀建筑物和金属器物，影响人体健康。酸雨对植物叶片有直接的破坏作用，严重危害森林、草场和农作物。酸雨主要出现在酸雨土壤地区,使土壤酸度更高,土壤中细菌的种类特别是固氮菌减少,影响土壤有机质的形成和肥力,使土壤团粒结构变坏,农作物减产。酸雨使湖泊酸化,鱼类烂鳃、变形,甚至难以生存。因此必须根据物质的基本化学性质认真研究和防治。例如对 SO_2 产生比较集中的燃煤电厂,必须坚决实行脱硫措施,以免排放扩散,影响大面积区域,否则再治理就很困难了。

化学是什么?化学是一门教会人们检测天上大气的化学组成、了解大气污染形成的科学依据,并设法经济有效地治理大气污染的基础科学。

第 8 章

化学是美好生活的创建者

8.1　化学为人类提供健康的饮食

8.1.1　食物的营养素

吃喝是人的基本需要。在解决人类的饮食问题上，化学是最有成效的学科之一。

要使人们吃饱饭，就要多生产粮食。据统计，近五十年来，世界人口翻了一番，粮食总产量也增加了一倍。促进粮食增产有耕作、种子、化肥、农药等因素，其中化学的作用超过 50%，也就是说，解决温饱的吃饭问题，一半要靠化学。

如今人们对增进健康的认识大为提高。在解决温饱的基础上，全面优化各种农作物的品种，提高营养素含量水平，同时加强肉、禽、蛋、水产等产业的发展，改善食物结构。

食物中能够被人体消化吸收和利用的各种营养成分，称为营养素。人体需要的营养素有七大类:糖类、蛋白质、脂肪、无机盐、维生素、膳食纤维和水等。膳食纤维虽然不能作为营养成分被人体吸收,但它对人体健康不可缺少。人体内这些物质的含量随人的年龄、胖瘦和饮食的不同而有差异,但其平均值大约为:水占 60%,蛋白质 18%,脂肪 14%,无机盐 6%,糖类(包括纤维)2%,还有少量维生素和微量元素。

营养素除水外对人体的功用大致可分为三个方面:

(1)提供能源:糖类、脂类和部分蛋白质。

(2)构成人体组织和器官:蛋白质、脂类和无机盐。

(3)调节生理功能:维生素、无机盐、微量元素。

人体是一个非常复杂、非常精巧的化学反应器。各种营养素在人体化学反应器中相互进行化学反应,错综复杂地维持着人体一切生理活动正常地进行。

8.1.2 糖类

糖类(又称碳水化合物)在自然界中分布极广,淀粉、纤维素、蔗糖、葡萄糖等都属糖类。草木中的纤维素、薯类和土豆中的淀粉、甘蔗和甜菜中的蔗糖、水果中的糖分和纤维、做衣服和被褥用的棉花和麻等人们日常生活中的食、衣和住都主要依靠糖类化合物。地球上的全部有机物按质量计,糖类约占 80%。

植物的光合作用,将 CO_2 和 H_2O 转变为糖,而动物将糖类

化合物作为食粮,将它消化,氧化为 CO_2 和 H_2O,从中获得所需的能量:

$$6nCO_2 + 6nH_2O \underset{消化作用}{\overset{光合作用}{\rightleftharpoons}} \underset{糖类}{(C_6H_{12}O_6)_n} + 6nO_2$$

蔗糖($C_{12}H_{22}O_{11}$)是食用白糖的主要成分,它的化学结构式示于图 8.1.1(a)。蔗糖是自然界中分布最广的糖,其中以甘蔗和甜菜中最多。全世界蔗糖的年产量超过 1 亿吨,是纯有机化合物中生产成本最低的化学品。蔗糖不能直接被人体吸收,吃到胃里,通过胃酸或蔗糖酶水解为葡萄糖和果糖,才能进入血

$$\underset{蔗糖}{C_{12}H_{22}O_{11}} + \underset{水}{H_2O} \longrightarrow \underset{葡萄糖}{C_6H_{12}O_6} + \underset{果糖}{C_6H_{12}O_6}$$

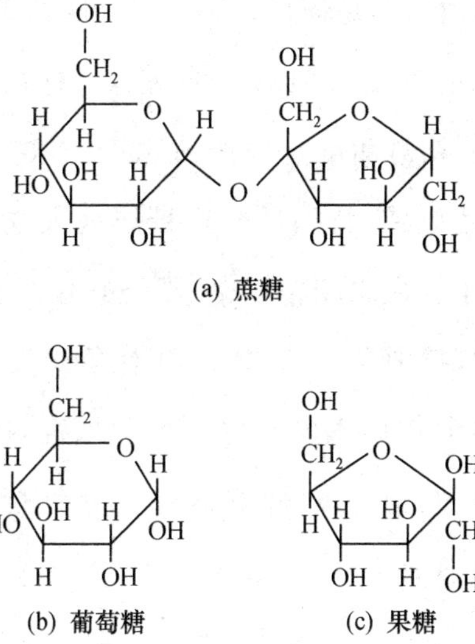

(a) 蔗糖

(b) 葡萄糖　　　　　(c) 果糖

图 8.1.1　(a) 蔗糖,(b) 葡萄糖和(c) 果糖的化学结构式

液被人体消化利用。医院里输的营养液中含的糖就是葡萄糖。葡萄糖和果糖的化学结构式分别示于图 8.1.1(b)和(c)中。

蔗糖是食品中最常用的甜味剂,是制造面包、糕点和各式各样糖果的主要材料。糖中加入牛奶、脂肪、明胶、糊精、香料、色素等,可制成奶糖、水果糖、硬糖、软糖等各式各样味道的糖果。糖在食品中所起的作用主要是提供热量,是产生热能的甜味剂。

糖吃得过多会使人体发胖,而糖尿病人不能消化蔗糖和葡萄糖,吃糖会导致健康问题。为了避免吃糖太多,而又需要供应甜味的食品,所以出现了通过化学合成方法得到的合成甜味剂,它们相对于蔗糖,甜度很高、用量少。

最早合成的甜味剂是糖精,学名叫邻-磺酸基苯甲酸亚胺,它的化学结构式示于图 8.1.2(a)。糖精是一种白色晶体,多以钠盐形式出售,它的相对甜度是蔗糖的 300～500 倍。加入少量糖精,就能提高食品口感,特别适合作糖尿病人吃的食品添加剂。但是自从 1879 年合成出糖精以来,围绕它作为食品添加剂的争论就没有停止过,特别在 20 世纪 70 年代争论最激烈。因为有报道老鼠喂含糖精食物后患膀胱癌的风险增高,因而它曾被列入禁止使用的名单中,但 2000 年又删除了对糖精的禁令,认为它是安全的食品添加剂。

最新合成的甜味剂是三氯蔗糖,市场出售的名称为斯普兰达。它的化学结构式示于图 8.1.2(b)。它是化学家用 Cl 取代

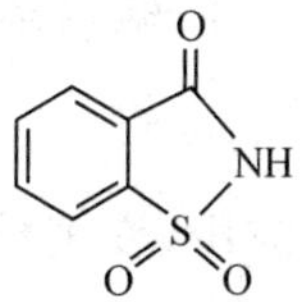

(a) 糖精

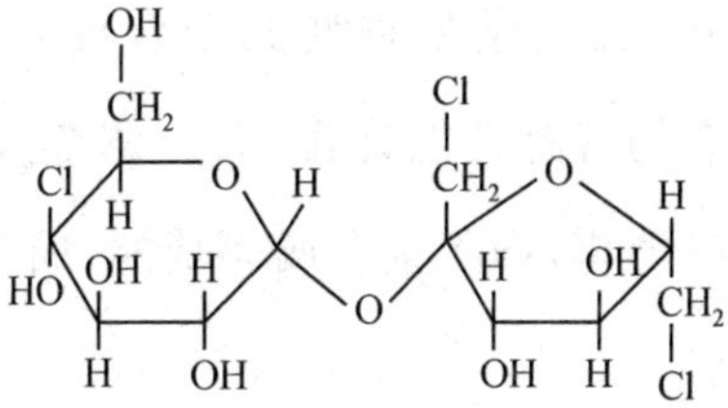

(b) 三氯蔗糖

图 8.1.2　(a) 糖精和(b) 三氯蔗糖的化学结构式

蔗糖中的 3 个 OH,于 1989 年制得。它作为蔗糖替代品有许多
优点:一是它甜度大,相对甜度是蔗糖甜度的 600 倍;二是它不
像糖精那样后味发苦,而且热稳定性好、保质期长;三是尚未有
不良副作用的报道,它不能被人体消化吸收,是一种真正的无热
量甜味剂。

　　糖在人体中主要的生理功能是通过和氧气作用,放出热能,
维持人体的温度和供给各器官运行所需的能量。细胞表面的多
糖链是负责保护细胞和细胞间信息的传递,起着通信识别和调
控生命过程的作用。糖也是构成人体组织的一类重要物质。血
液含血糖,它是溶解在血液中的葡萄糖,正常人血液中每 100 立
方厘米含葡萄糖为 80～100 毫克,过低的低血糖和过多的高血

糖都不利于健康。人体中的核糖核酸(RNA)和脱氧核糖核酸(DNA)也是由核糖和磷酸等组成。

在对糖的生物化学研究中,发现糖除提供能量外,还有改善人体健康的功能。我国大连化学物理研究所研究从生物的甲壳素中提取的壳聚糖,经化学处理使其聚合度降低到 2～7 个单位,形成壳寡糖,它的溶解性能优良,具有调节人体酸碱平衡,降低血压、血脂,改善消化,排除重金属等功能,成为一种功能糖。

8.1.3　蛋白质

蛋白质由氨基酸缩聚而成,各种食物蛋白质中氨基酸的组成不同,对人体的营养价值也各不相同。蛋白质的营养价值取决于它所含的氨基酸种类和数量。一种食物蛋白质所含氨基酸的组成越接近人体蛋白质的组成,它的营养价值就越高,即在体内的吸收利用率越高。根据蛋白质的组成,在营养学上将它分为两类:

1. 完全蛋白质

又称优质蛋白质,它所含人体必需的氨基酸种类齐全、数量充足,比例和人体所需基本相符,容易被人体吸收利用。鱼、瘦肉、蛋、奶及大豆中的蛋白质属于完全蛋白质,它们含有人体必需的 8 种氨基酸,即赖氨酸、色氨酸、苯丙氨酸、蛋氨酸、苏氨酸、亮氨酸、异亮氨酸及缬氨酸。这 8 种氨基酸在人体内不能合成,必须由食物供给。完全蛋白质对于维持成年人的健康、儿童的成长和老人的抗衰老都有重要作用。

2. 不完全蛋白质

不完全蛋白质是指缺少一种或多种必需氨基酸的蛋白质。小麦、玉米等谷类蛋白质，以及动物的皮、肌腱等结缔组织都属于不完全蛋白质。这类蛋白质由于所含必需氨基酸品种不全，组成比例不合适，不能充分发挥蛋白质的生理功能。

一个人每天需要多少蛋白质要根据年龄、性别、健康情况和劳动条件而定。一般情况下，一个成年人每天需要蛋白质 70～100 克，这些可从主副食品中获得。例如每天吃粮食 400 克，肉 100 克，牛奶 200 毫升，鸡蛋 1 个，豆制品 50 克，蔬菜 500 克，水果 400 克。蔬菜和水果中蛋白质含量很少，不予计算；肉、蛋、奶可提供所需的一半，粮食和豆制品可得另一半，而且所得必需氨基酸可以互补。谷类食物的蛋白质中赖氨酸通常较少，而蛋氨酸和色氨酸含量较高，豆类食物含赖氨酸较多，可以起互补作用。在实际生活中，常常多种食物混合食用，不仅改善口感，而且符合营养学原则。

8.1.4　脂类

脂类包括油脂和类脂，是一类重要的营养物质，它广泛地存在于人体的各种组织之中。

油脂　俗称脂肪,它是甘油三酯化合物的总称,结构如下:

$$
\begin{array}{c}
\quad\quad\quad\quad\quad\quad\quad\quad O \\
\quad\quad\quad\quad\quad\quad\quad\quad \| \\
\quad\quad O \quad CH_2—O—C—R_1 \\
\quad\quad \| \quad\quad | \\
R_2—C—O—CH \quad\quad O \\
\quad\quad\quad\quad\quad | \quad\quad \| \\
\quad\quad\quad\quad CH_2—O—C—R_3
\end{array}
$$

油脂水解得到脂肪酸和甘油。脂肪酸中的 R 基团不含双键的称饱和脂肪酸,含饱和脂肪酸较多的油脂,在常温下呈固态的称为"脂",如猪、牛、羊中的脂肪。R 基团中含双键的称为不饱和脂肪酸,含不饱和脂肪酸较多的油脂,在常温下呈液态的称为"油",如豆油、花生油和芝麻油。

类脂　是指其结构和性质类似于脂肪的物质,包括磷脂、糖脂、固醇类和脂蛋白等,其中磷脂和固醇两类化合物在营养学上特别重要。磷脂肩负着细胞的营养代谢、能量代谢、信息传递等功能,是生命和健康的必需物质。重要的磷脂有脑磷脂和卵磷脂,它们的结构如下:

$$
\begin{array}{ll}
CH_2—OOCR_1 \quad\quad\quad\quad\quad & CH_2—OOCR_1 \\
| \quad\quad\quad\quad\quad\quad\quad & | \\
CH—OOCR_2 \quad\quad\quad\quad\quad & CH—OOCR_2 \\
| \quad\quad\quad O \quad\quad\quad\quad & | \quad\quad\quad O \\
| \quad\quad\quad \| \quad\quad\quad\quad & | \quad\quad\quad \| \\
CH_2—O—P—OCH_2CH_2\overset{+}{N}H_3 & CH_2—P—OCH_2CH_2\overset{+}{N}(CH_3)_3 \\
| \quad\quad\quad\quad\quad\quad & | \\
O^- \quad\quad\quad\quad\quad\quad & O^-
\end{array}
$$

脑磷脂　　　　　　　　卵磷脂

脑磷脂主要存在于脑、骨髓和血液中。卵磷脂主要存在于蛋黄，动物的肾、肝、脑、心等，以及大豆、花生、核桃、蘑菇等植物之中。

1. 人体中脂类物质的生理功能

(1) 供给能量和储存能量。脂肪在人体内氧化可释放出大量热能，其供热量较相同重量的蛋白质和糖类要高一倍，是一类能量密度大的物质。人在饥饿时，体能消耗多于摄入量，就靠储存的脂肪来补充。

(2) 调节体温、保护内脏和滋润皮肤。人体储存的脂肪大部分处于皮下，减少体内热量的过度散失和外界过多的辐射热等侵入人体，调节体温、保护对温度敏感的组织。另外脂肪分布和填充在各个内脏、器官的间隙中，以免受震动和机械损伤。

(3) 参与构成组织细胞。脂肪参与组成新组织、修补旧组织、调节代谢、合成激素等。脂肪水解可得人体必需的脂肪酸，参与人体的生理活动。

(4) 促进脂溶性维生素的吸收。脂肪是脂溶性维生素 A、D、E、K 及一些辅酶如 β-胡萝卜素的良好溶剂，维生素随着脂肪的吸收而同时被吸收利用。

(5) 参与生理活动。卵磷脂可降低血清胆固醇及中性脂肪，去除附于血管壁的胆固醇，改善脂质代谢和血液循环，预防心血管疾病；卵磷脂在人体内转变为胆碱后，可促进脂肪代谢、防止脂肪在肝脏内积聚而形成脂肪肝等疾病。

(6) 提供人体必需的脂肪酸。脂肪水解可得脂肪酸,其中有些体内不能合成,必须从食物中获得,重要的有 ω-6 系亚油酸和 ω-3 系亚麻酸:ω-6 系脂肪酸能维持皮肤及其他组织对水分的不通透性,避免水分迅速透过皮肤,出汗多,尿液少而浓;ω-3 系脂肪酸与细胞膜的结构和功能密切相关,其中顺-二十二碳六烯酸(DHA,又称脑黄金)对人体脑细胞和视网膜细胞的分裂、增殖和发育有重要作用。视觉组织中的 DHA 主要集中在视网膜和光受体中,如果缺乏 DHA,记忆力和判断能力就会下降,视力也会明显降低。人的一生都需要补充 DHA。ω-6 系脂肪酸的最好来源是植物油,如大豆油、玉米油、葵花子油;ω-3 系脂肪酸的最好来源是鱼类、豆类,尤其是深海鱼类富含 DHA。

DHA 是顺-4,7,10,13,16,19-二十二碳六烯酸的缩写,它的分子式为 $C_{22}H_{32}O_2$,化学结构式为:

它在室温下为无色透明液体,有鱼腥味,折射率为 1.5049。由于它是不饱和脂肪酸,稳定性差,易氧化变质,产生的自由基有致癌作用,所以服用 DHA 时宜同时加服抗氧化剂。另外应注意适量,避免过量产生副作用。

2. 近年来国际上对反式脂肪酸与人体健康进行的研究讨论

脂肪酸是组成脂肪的 R 基团和羧基—COOH 结合形成的

RCOOH 分子。由饱和脂肪酸组成的油脂在室温下呈软固态，称为脂；由不饱和 R 基团组成的油脂一般以液态油状态存在，当 R 中含 C＝C 双键，它就会有顺式和反式两种构型：

天然脂肪酸一般是顺式构型。

反式脂肪酸(trans fatty acids,TFA)又称反式脂肪或逆态脂肪酸,是含有一个以上独立的(即非共轭)反式构型双键的一类不饱和脂肪酸的总称。分子结构比较稳定,理化性质趋近于相同碳原子数的饱和脂肪酸,熔点一般高于顺式脂肪酸,常温下常以固态形式存在。如油酸(顺-9-十八烯酸)的熔点为 13.5℃,而反油酸(反-9-十八烯酸)的熔点为 46.5℃。天然的不饱和脂肪酸几乎都是顺式脂肪酸,少量存在的以反-11-十八碳单烯酸为主,它在体内转化为多种有益生理活性的共轭亚油酸。目前尚无资料证实它对人体健康有不利影响。天然植物油中存在许多顺式不饱和脂肪酸,在光照或空气中易发生氧化、酸败,因此人们通过氢化作用将氢加到脂肪酸的不饱和双键上,使富含多不饱和脂肪酸的天然植物油转变为以单不饱和脂肪酸为主的氢化油,如人造黄油、起酥油、色拉油,其中反式脂肪酸一般占油脂含量的 10% 左右,最多可达 60%。氢化油的熔沸点升高,氧化稳定性增强,货架期延长,风味独特,烹饪食物松软酥脆,口感更好。此外,植物油在脱色、脱臭等精炼过程或反复用它煎炸时,也会产生少量反式脂肪酸。过多地吃进反式脂肪酸,会改变人体的正常代谢,导致发胖,容易发生心血管疾病、大脑功能衰退等,危及人类的健康。这些情况改变了人们一直认为人造脂肪多吃无害的观点。反式脂肪酸影响人体健康的更多定量数据还需深入研究。

8.2 维 生 素

8.2.1 维生素概述

维生素是由化学家和生理学家共同发现和发展的一类药品,是人类维持正常生理功能所必需的一类微量小分子有机化合物。它大多数都不能由肌体自己合成,或合成的量很少,不能满足肌体的需要,必须从食物或药物中获得。维生素在人体内的含量虽少,但它在人体的生长、代谢、发育等过程中发挥着重要的作用。

1912 年,波兰生物化学家卡西米尔·冯克(Kazimierz Funk,1884—1967)明确阐述了维生素理论。他认为自然食物中有 4 种物质可以分别防治夜盲症、脚气病、坏血病和佝偻病,冯克将它们称为维持生命的胺素(vitamine,vital 在希腊文中表示生命的,

amine 在英文中为胺）。后来发现有些维生素并不含氮，不是胺类化合物，将它改称为 vitamin。中文称为维生素或维他命。上述 4 种药物分别称为 vitamin A（维生素 A）、vitamin B（维生素 B）、vitamin C（维生素 C）和 vitamin D（维生素 D）。后来发现的维生素就按英文字母 A、B、C、D、E 的顺序直接排下去来命名。维生素 B 中，又发现有许多不同成分，就以 B_1、B_2、B_3、B_6、B_{12} 等命名。维生素按大类分有十多种，按小类细分也只有四十多种。

20 世纪二三十年代，化学家群起研究维生素，分析食物中各种维生素的含量，测定它们的化学成分。

人体犹如一座复杂的化工厂，不断地进行着生化反应，这些反应都和酶的催化作用密切相关。酶要产生活性，必须有辅酶参加，多种维生素是酶的辅酶，或是辅酶的组成分子。所以维生素是维持和调节肌体正常代谢的重要物质。维生素有着下列共同的特点：

（1）外源性。指维生素不能由肌体自己合成，需要从食物和药物中获得。虽然人体可以少量合成维生素 D，但不能满足肌体的需要，而且常需要它，故将它归入维生素类中。

（2）调节性。维生素不是构成肌体组成和细胞的组成成分，也不会像糖类化合物通过代谢作用产生能量，它的作用是参加肌体代谢的调节。

（3）微量性。人体需要的维生素数量很少，每日的需要量常以毫克计。

（4）特异性。缺少某些维生素将会出现特有的病症。

按这4点特性来衡量，人体所必需的维生素为13种。它们的名称、性质和功能及富含的食物列于表8.2.1中。除表中所列以外，还有一些并未被大家共识，没有列入表中。

表 8.2.1　人体必需的维生素

名　　称	性质和功能	富含的食品
维生素 A,抗干眼醇	脂溶性,抗干眼病和夜盲症	鱼肝油
维生素 B_1,硫胺素	水溶性,治脚气病	酵母、谷物、大豆、肉、肝脏
维生素 B_2,核黄素	微溶于水,治视觉失调	酵母、鸡蛋、牛奶、肝脏
维生素 B_5,泛酸	水溶性,治心血管病	酵母、蛋、乳制品
维生素 B_6,吡哆醇	水溶性,治皮肤病	豆类、谷物、动物内脏
维生素 B_{12},钴胺素	水溶性,合成核蛋白	动物肝、肾、脑
维生素 C,抗坏血酸	水溶性,治坏血病	蔬菜、橘子、柠檬、草莓等水果
维生素 D,骨化醇	脂溶性,治佝偻病	鱼油、动物肝
维生素 E,生育酚	脂溶性,抗溶血	蛋、鱼、肉、肝、植物油
维生素 H,生物素 (又称维生素 B_7)	水溶性,合成蛋白质	肉、蛋清、豌豆
维生素 K,血凝维生素	脂溶性,凝血	菠菜、苜蓿、白菜、肝脏
维生素 M,叶酸 (又称维生素 B_9)	水溶性,合成核蛋白	肉、谷物、蛋
维生素 PP,烟酸 (又称维生素 B_3)	水溶性,抗癞皮病	酵母、米糠、烟碱酸

表 8.2.1 中没有列出维生素原，它是指可以在体内转化成

维生素,但它本身不是维生素的物质,例如胡萝卜素是维生素 A
原,7-脱氢胆固醇是维生素 D 原等。有时所列的一种维生素是
一类具有相似性质的化合物的总称,例如维生素 K 是一类甲萘
醌的衍生物。表中的油溶性是指能溶于非极性溶剂的维生素,
水溶性是指能溶于极性溶剂,如水、乙醇中的维生素。维生素是
人体七大营养素之一,它们都是维持身体组织细胞功能必不可
少的物质,但若把它当作补药,多多益善、盲目地服用,会走向反
面,危害健康。

8.2.2　维生素 A

维生素 A 是从治疗夜盲症疾病中发现的。药王孙思邈编著
的《千金方》中就有动物肝脏可治夜盲症的记载。20 世纪初,化
学家先发现鱼肝油能治干眼病,继而分离出维生素 A。

维生素 A 为脂溶性的一种长链醇,称为视黄醇,它有多种异
构体,活性最高的为全反式结构。分子结构式如下:

维生素 A 为淡黄色片状结晶,熔点为 64℃。化学性质活泼,易被
氧化,受紫外线照射容易失去活性。维生素 A 只存在于动物体
内,植物中存在的形式为维生素 A 原,如 β-胡萝卜素,它的结构

式如下：

一个 β-胡萝卜素分子在体内可转化为两个视黄醇分子。

维生素 A 的生理功能有：① 治疗夜盲症、干眼病,减轻视力减退,维持视觉功能。② 促进人体生长发育,促进糖蛋白的合成,有利于强壮骨骼。③ 维持上皮细胞结构的完整与健全,有助于治疗皮肤病和祛除老年斑。④ 加强免疫力,加强对呼吸道感染、寄生虫感染等传染病的抵抗力;有助于肺气肿、甲状腺机能亢进症的治疗。⑤ 具有清除自由基、抗氧化作用。

成年人维生素 A 的每日需要量为 1 毫克。食物来源为动物肝脏、鱼肝油、蛋、奶,以及胡萝卜、白萝卜和水果等。

8.2.3　B 族维生素

B 族维生素大都是水溶性的,有的溶解度大,有的溶解度小,人体必须每天加以补充。在人体中,B 族维生素间相互起协调作用,即一次摄取复合维生素 B,比单独分别摄取效果要好,常制成复合维生素 B 片剂供所需的人服用。B 族维生素的成员较多：对生物素,有人归为维生素 B_7,有人称为维生素 H;对叶酸,有的

归为维生素 B_9,是预防脑中风的重要药物;对烟酸,有人称它为维生素 B_3,有人称它为维生素 PP。注意,维生素 P 是指芦丁,有的不归在维生素中。下面对表 8.2.1 中所列的几种 B 族维生素加以讨论。

1. 维生素 B_1

又称硫胺素、抗神经炎素。易溶于水,在空气中能吸水,略溶于乙醇,它对人体的神经组织和精神状态有良好影响。人患带状疱疹,非常疼痛,是由于神经末梢发炎,可用维生素 B_1 和 B_{12} 等进行治疗。维生素 B_1 也是治脚气病良药。维生素 B_1 的焦磷酸酯是一类重要的辅酶,在糖代谢中发挥重要作用。维生素 B_1 富含于动物的肝和肾、蛋类、酵母、杂粮、豆类等。

2. 维生素 B_2

又称核黄素。微溶于水,几乎不溶于乙醇,溶于稀碱溶液,水溶液中易变质。它进入人体后磷酸化,转变为磷酸核黄素等物质,再与蛋白质结合,成为一种调节氧化还原过程的脱氢酶,在体内许多氧化还原反应和代谢中起重要作用。缺乏维生素 B_2 容易发生口角炎、舌炎、角膜炎、结膜炎和溢脂性皮炎等疾病。维生素 B_2 富含于酵母、肝、肾、乳类、小麦、黄豆等食品中。

3. 维生素 B_5

又称泛酸。能溶于水、乙醇、乙酸乙酯、冰醋酸,略溶于乙醚,不溶于苯和氯仿。对酸、碱和热都不稳定。维生素 B_5 是抗应激、抗寒冷、抗感染药物。有利于治术后腹胀。存在于酵母、谷物、肝脏和蔬菜等食品中。

4. 维生素 B_6

在自然界中以吡哆醇、吡哆醛和吡哆胺三种形式存在。在体内可互相转化,形成具有生理活性的磷酸吡哆醛和磷酸吡哆胺,为多种转氨酶、脱羧酶及消旋酶的辅酶,参与许多代谢过程。一般使用的维生素 B_6 为盐酸吡哆醇,易溶于水,微溶于乙醇,不溶于乙醚或氯仿。维生素 B_6 是肌体内许多重要酶的辅酶,参与氨基酸的脱羧作用、色氨酸的合成,以及含硫氨基酸和不饱和脂肪酸的代谢作用,是动物正常发育的营养品。人体缺少维生素 B_6,易患贫血、脂溢性皮炎等疾病。医药上用于治疗湿疹、皮疹、口唇炎和哮喘等。

5. 维生素 B_{12}

又称钴胺素。深红色结晶,熔点很高,超过 320℃。溶于水、乙醇和丙酮,不溶于氯仿。它对人体制造红血球,保护免疫系统功能是必要物质。医药上用于治疗哮喘、肝炎、失眠、疲劳等疾病。富含于肝、肉、蛋、奶、黄豆等食品中。1948 年从肝脏中分离出来,1954 年确定其结构。它是维生素分子中原子数目多的一种化合物,分子量达 1355.4,是生物体内发现的第一个含有 C—Co 共价键的化合物,也是唯一含金属原子的维生素。1964 年霍奇金(Hodgkin)因用 X 射线衍射法测定维生素 B_{12} 等复杂分子的结构,获得诺贝尔化学奖。1965 年美国化学家伍德瓦德(R. B. Woodward,1917—1979)因人工合成维生素 B_{12} 等复杂有机物, 获得诺贝尔化学奖。

8.2.4　维生素 C

维生素 C 又称为抗坏血酸或丙种维生素,它是人们熟识而常服用的一种维生素。它易溶于水,水溶液呈酸性,浓度为 0.5% 的水溶液 pH＝3。它是白色晶体或粉末,无臭味。熔点 190～192℃(分解)。干燥状态下稳定,遇光颜色变深。水溶液中易被氧化分解。它的化学结构式如下:

维生素 C 对人体健康至关重要:

① 人体内胶原蛋白的合成需要维生素 C 参加,这将促进骨骼、血管、韧带等的新陈代谢,有利于皮肤的弹性、创伤的愈合,有助于保护大脑;② 抗坏血病;③ 有助于防止牙龈萎缩和出血; ④ 预防动脉硬化;⑤ 它是水溶性的强有力的抗氧化剂,防止自由基对人体的伤害;⑥ 有助于治疗缺铁性贫血;⑦ 有助于防止癌症的扩散;⑧ 能提高人体免疫力和肌体的应急能力;⑨ 维生

素 C 是眼内晶状体的营养要素,可缓解白内障的发展。

当维生素 C 被人们从食品或药物中服用后,被人体小肠上段吸收。一旦吸收,就送到体内所有水溶性组织中。正常情况下,维生素 C 绝大部分在体内经代谢分解成草酸,一部分直接由尿液排出体外。

维生素 C 有上述功效,人们除了从食物中摄取外,以药物的形式究竟每日应服用多少?关于这个问题国际上有不同的观点。1970 年鲍林出版了一本书《维生素 C 和感冒》,他认为口服高剂量的维生素 C 可以预防和治疗感冒,他本人从 1966 年起每日服 3 克,感冒治好了。他还认为维生素 C 可以延长癌症病人的寿命。由于他本人亲自实践,加上他是两次诺贝尔奖的得主,他的观点受到一些人的认可。一次是 1954 年表彰他在阐明化学键的本质和解释复杂分子的结构领域获诺贝尔化学奖,另一次是 1962 年获得的诺贝尔和平奖。他活到了 93 岁,未见到大剂量服用维生素 C 所产生的副作用。另一种观点是从事医学研究的医生提出的,他们对癌症病人分组做过试验,大剂量服用的病人死得早。所以维生素 C 大剂量服用是治癌还是致癌,并没有找到确证的因果关系。另外,根据药理分析,过多服用维生素 C 会导致早期坏血病、血栓形成、草酸钙尿道结石和肾结石等疾病。小儿生长时期过量服用维生素 C,容易产生骨骼疾病。现在国家推荐除从蔬菜、水果等食品获得维生素 C 外,每日补充服用 75 毫克为宜。

　　许多水果和蔬菜富含维生素 C,每天吃一些水果和蔬菜就可以补充人体的需要。下面列出每 100 毫升果汁或 100 克果蔬含维生素 C 的毫克数:

新鲜橙汁	弥猴桃	草莓	柿子椒
50 mg	68 mg	80 mg	140 mg

8.2.5　维生素 D

　　维生素 D 又称骨化醇。它系指一组具有维生素 D 活性的甾醇化合物,约有 10 种,其中最重要的为维生素 D_2 和 D_3。它们的化学结构式分别如下所示:

维生素 D_2, M_r 396.66　　　　维生素 D_3, M_r 384.65

　　维生素 D_2 又称钙化甾醇或麦角钙化醇,无色针状晶体,熔点 115～118℃(分解),无臭、无味。不溶于水,易溶于乙醇、乙醚、氯仿和丙酮,略溶于植物油,遇光和氧气易分解。主要食物来源是植物和酵母中提取的麦角甾醇,经紫外线激活后转化为

维生素 D_2。

维生素 D_3 又称胆钙化醇或胆钙甾醇,无色针状晶体,熔点 $85 \sim 88$℃(分解),无臭、无味,不溶于水,略溶于有机溶剂,微溶于植物油,在光照和潮湿空气中易分解。主要来源于动物肝脏,由 7-脱氢胆固醇,即维生素 D_3 原,经紫外线照射后转化为维生素 D_3,它早已工业化生产。人体多晒太阳可防止维生素 D 缺乏症。

维生素 D 具有抗佝偻病的功能,并能使牙齿坚固。除鱼肝油富含维生素 D 外,肝、鱼肉、蛋、奶以及蘑菇中也有丰富的维生素 D。正常人每日需要量为 $5 \sim 10$ 毫克。近年有研究证明,过多服用维生素 D 并不能预防骨质疏松和降低骨折发生率,反而有增加心脏病风险。

8.2.6　维生素 E

维生素 E 是一组化学结构相似的酚类化合物的总称。1922 年首先由美国化学家伊万斯从麦芽油中发现提取出来。它是苯并氢化吡喃衍生物,自然界存在的有十多种,活性以 α-生育酚最强,分布最广而最具代表性。通常说的维生素 E 即指 α-生育酚,它的化学结构式如下:

维生素E

维生素 E 为浅黄色黏稠油状液体,无臭、无味。密度 $0.95\,g\cdot cm^{-3}$。熔点 $3℃$,沸点 $210℃(13.33\,Pa)$。溶于乙醇、乙醚、丙酮,不溶于水。化学性质稳定,能耐热、酸和碱,在紫外线照射下会被破坏,宜存于棕色瓶中。

维生素 E 的功效为:① 强抗氧化物,能抵抗自由基的侵害;② 参与抗体形成,防治冠心病、高血脂症;③ 用于治疗习惯性流产、不孕症、更年期障碍及促进男性产生有活力的精子。

维生素 E 在豆类、蔬菜、大豆油、芝麻油、麦胚油中含量最丰,杏仁、核桃仁和花生仁中含量也多。正常人进食的维生素 E,易被肌体吸收,通常不易发生维生素 E 缺乏症。每日的需要量为 50 毫克,过量服用会妨碍其他脂溶性维生素的吸收和功能的发挥。从 20 世纪 40 年代起,维生素 E 能人工合成,我国从 60 年代起能大量生产。

8.2.7　维生素 K

维生素 K 又称血凝维生素。它是一大类甲萘醌衍生物的总称。主体结构为甲萘醌,在此基础上形成不同取代基的衍生物。天然形成的维生素 K_1 和 K_2 均为脂溶性。人工合成的维生素 K_3 为亚硫酸钠甲萘醌,维生素 K_4 为二氢萘醌二乙酸酯,都是水溶性。维生素 K_1 存在于苜蓿、菠菜等绿色植物中,维生素 K_2 是微生物合成产生的。

维生素 K 的化学性质稳定,能耐酸和热,但易被碱和紫外线
照射所分解。维生素 K 的功能是促使人体血液凝固,缺乏它会
导致凝血时间延长,严重的流血不止而死亡。所以维生素 K 广
泛地应用于医学。

甲萘醌   氯胺酮

氯胺酮是一种快速麻醉药,由于它具有药物依赖性,成品常
被毒贩作为药物成分,被标以维生素 K 或 K 他命或 K 粉,但它
并不是真正的维生素 K。现在 K 粉已作为毒品被禁用。

8.3　药物化学的研究使人延年益寿

治疗疾病的药物,先是取自天然的动植物和一些矿物,以后
逐渐发展人工合成新药取而代之。

在利用天然药物治病救人、保护人们身体健康的过程中,要
求得到疗效显著、价廉物美的药物。从炼丹求长生不老药,到尝
百草、治百病,人类对药物积累了丰富经验。在此过程中,为化
学学科的建立和发展奠定了基础。同时,化学的发展又使天然
药物化学的研究不断取得新的成果。当今,天然药物化学的研

究可归纳为下列四个方面的内容：

（1）阐明药用生物的有效成分，获得具有新结构的化合物或具有生物活性的单体，研究提取分离、结构鉴定、测定活性。

（2）对稀少难得的活性化合物及其前体进行半合成及生物转化研究。

（3）以天然活性化合物为先导物，合成一系列结构类似物，研究其构效关系，获得高效低毒的创新药物。

（4）以化学原理审视药物配方，分析药物在不同环境条件下的变化，发现其科学性，去除盲目性，将药物配方提高到新水平。

8.3.1　我国中医药的巨大成就

我国是一个具有五千多年悠久历史的文明古国，是世界上文明发达最早的国家之一。伴随着社会的发展，一代接一代地繁衍生息，和医药紧密相联，不断地积累医药学知识。许多医药的典籍，就是广大医药工作者的实践经验和朴素认识的总结，其中包含着丰富的化学内容。

《黄帝内经》是公元前 3 世纪战国时期流传于世的医书，其中共收录 162 篇古代医学论文。主要论述阴阳、五行的理论体系，不独为医学之宗，亦为人们日常饮食起居的大法。它总结出五味滋育人体、十二器官各司其职、顺四时而适寒暑等理论，这些无不与每个人的养生密切相关，也对人们的行为与思维起着解惑、启迪的作用。

《神农本草经》是东汉时期(1 世纪)归纳出版的药学专著。后来人们常谈到神农尝百草,神农通过亲自品尝,了解各种药物的性质。

《伤寒杂病论》为汉代"中国医圣"张仲景(2—3 世纪初)所著。他系统地提出辨证施治的原理。

《千金方》是《备急千金要方》和《千金翼方》的合称,是药王孙思邈(约 581—682)所著。据记载药王活了 102 岁,70 岁时撰成《备急千金要方》30 卷,以"人命至重,有贵千金,一方济之,德逾于此",故书以"千金"为名。后经三十年努力,又撰成《千金翼方》30 卷,以与《备急千金要方》成"羽翼之交飞"。该书对隋朝以前包括唐初的医药学发展作了较系统而全面的总结整理。

《本草纲目》是明代李时珍(1518—1593)编著的巨著,完成于公元 1578 年。全书共 52 卷,约 190 万字,收录药物 1892 种,方剂计 110 960 个,附有药物形态图 1160 幅。李时珍在药物学上对前人工作"剪繁去复,绳谬补遗,析族区类,振纲分目",通过文献考证和实际考察两大途径加以整理。在收载的 1892 种药物中,1518 种是对前人工作剪繁去复后所得,另 374 种药物是他新增。该书是中国传统医药学的总结性典籍,堪称药物化学的经典大全。

《本草纲目》发表至今有 540 多年。在此期间世界科学得到极大的发展,特别是化学科学的发展使人们对自然界物质本质的认识有了质的飞越。先哲们通过亲自实践,尝百草、治百病,对药物积累了丰富经验,后人除继续用它指导治病救人外,还需在它们的基础上按新的认识和新的规律,不断深入对其本质的认识和理解,不断地将它发扬光大,使之更有效地发挥药物的作用。

8.3.2　从柳树叶到阿司匹林

我国古代的医药书中已有柳树叶治病的记载。《本草纲目》记载着柳树叶具有清热、败火和解毒的作用。有的地方还在春天摘柳树嫩叶做成凉拌菜食用。

古代希腊人用柳树皮作止痛、解热的药物。

19 世纪 70 年代,希腊化学家从柳树皮中分离出水杨酸($\mathbf{A}$),制出水杨酸钠($\mathbf{B}$),证明它具有退热、止痛和消炎作用,它是柳树皮(或叶)能治病的有效成分。

$\mathbf{A}$: 水杨酸　　　　$\mathbf{B}$: 水杨酸钠

1897 年,在拜耳公司工作的德国化学家费利克斯·霍夫曼鉴于水杨酸钠味道较苦,加以改造,制出纯净的乙酰水杨酸($\mathbf{C}$),学名为 2-乙酰氧基苯甲酸,它是水杨酸的衍生物,药名为阿司匹林(aspirin)。

C：阿司匹林

由于阿司匹林化学成分简单、结构清楚、性质稳定、合成的原料易得、操作方便，是一种比较容易大批量生产的药物。临床用于治疗常见的头痛、脑热、发烧、发炎等疾病，具有经济、有效、服用简单等优点，成为医药中的常用药。

药理学家和医生不断地探讨研究阿司匹林的性能和治疗其他疾病的功效，发现阿司匹林还具有阻止血液中血小板粘连的作用，具有防止血液黏稠，预防血栓形成，降低心肌梗塞、中风和脑梗等危险疾病发病率的功效。

阿司匹林能阻止前列腺肿胀的发展，降低前列腺癌的发病概率。1982 年英国人约翰·文（John Vane）因这项研究而分享诺贝尔生理学或医学奖。

任何药物都有它的禁忌性，近十多年来的医药实践证明：用阿司匹林预防心脑血管病的作用并不明显。长期大量服用阿司匹林会抑制血小板的再生，降低它的凝血作用，容易引起胃部及肠道发炎出血，还容易出现脑溢血等病症。贫血、出血失调症的病人及孕妇不宜服用阿司匹林。

20 世纪末，药物化学家以简化的合成方法，减少合成过程所

消耗的溶剂,减少副产品,更符合绿色化学的反应条件,研制出
布洛芬,如下式所示:

$$H_3C\text{--}CH\text{--}CH_2\text{--}\underset{}{\bigcirc}\text{--}CH\text{--}COOH,\ CH_3$$

布洛芬比阿司匹林具有更高的抗炎性,是一种更好的止痛药和
抗热药。由这个实例可见,药物化学的发展是无限的。

8.3.3 青蒿素的化学改性惠及亿万疟疾患者

现今疟疾仍是世界上的主要传染病之一,尤其是在非洲等
热带地区,发病率较高。据世界卫生组织在 20 世纪 90 年代统
计,世界上每年约有 1.6 亿人感染疟疾,导致近百万人死亡。传
统的治疗疟疾药物奎宁、氯奎等易产生耐受性。

青蒿是一种菊科植物,又称黄花蒿。在中药中,以青蒿治疗
发热、疟疾等已经有上千年历史。20 世纪 70 年代,我国科学家
从中药黄花蒿中分离得到有效成分青蒿素(artemisnin),并且通
过晶体的 X 射线衍射法测定了它的主体结构,如图 8.3.1(a)所
示。它是一个具有过氧桥的倍半萜内酯,是结构新颖的抗疟疾
药物。在此结构中,过氧桥是抗疟活性必需的基团,若失去过氧
桥,抗疟活性完全消失。

青蒿素的水溶性和脂溶性都较差,吸收不好,生物利用度较
低,治疗复发率较高。从青蒿素的结构来看,从简单的化学试剂

通过化学全合成,难度很大。只能从青蒿得到的提取物出发,在不破坏过氧桥的条件下,进行化学改性。若将结构中的〉=O基团通过还原作用,变为〉—OH基团,所得结构如图8.3.1(b)所示,则抗疟活性优于青蒿素。若改为蒿甲醚〉—OMe,所得结构如图8.3.1(c)所示,若改为蒿乙醚〉—OEt,如图8.3.1(d)所示。蒿甲醚和蒿乙醚的水溶性和脂溶性都优于青蒿素,治疟活性优于青蒿素数倍。现在蒿甲醚已在世界上多个国家上市销售,用于治疗恶性疟疾。

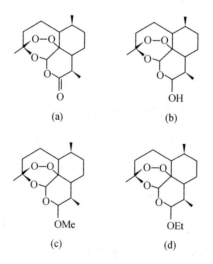

图8.3.1　青蒿素及其衍生物的结构
(a)青蒿素,(b)羟基蒿素,(c)蒿甲醚,(d)蒿乙醚

将蒿甲醚和苯芴醇配制形成的复方蒿甲醚,是一种高效的

抗疟疾复方药物,它对疟疾的治愈率高达 95%,甚至在多种药物产生了抗药性的地区也有很好的疗效,它惠及千万疟疾患者,被国际上认为是近半个多世纪人类治疗疟疾的最大进步。

2015 年,我国科学家屠呦呦获得诺贝尔生理学或医学奖,表彰她用青蒿素治疗疟疾的原创思想和她领导的研究集体对青蒿素有效成分的提取和化学改性所取得的巨大成绩。这个奖项的颁发也进一步激励我国化学家对中药化学研究的积极性。

青蒿素治疗疟疾,在我国有悠久的历史。在 20 世纪七八十年代,为了帮助非洲朋友,治病救人,我国有许多化学家参加青蒿素的研究,最后得诺贝尔奖的是代表人物屠呦呦。有人开玩笑说,这是诺贝尔奖的评奖委员们阅读中国古典诗词的启发。《诗经》中有诗句:"呦呦鹿鸣,食野之蒿。"(见《诗经》卷四,"小雅")句中的蒿指的就是青蒿。

8.3.4　石膏药物作用的讨论

中药的品种有 2000 多种,有的成分较简单,化学家已对它的结构和性质有了详细的了解。例如,用作药物的生石膏是一种矿石,成分是二水合硫酸钙($CaSO_4 \cdot 2H_2O$),它微溶于水,在沸水中的饱和溶解度为 0.1619 g/100 g H_2O,溶液中以钙离子(Ca^{2+})和硫酸根离子(SO_4^{2-})存在。未溶部分仍以纯的结晶体状态沉淀在药液底部。

2010 年 1 月至 2 月间,笔者在观看 BTV 科教频道《养生堂》栏目播放中医药治病养生有关石膏的节目后,记录了几位现场观众的讨论情况:

主讲大夫甲(1 月 20 日) 我们治咳喘病的药方是"麻杏石甘汤",即由麻黄、杏仁、石膏和炙甘草四味药配制而成,麻黄和石膏配伍可以增强药效。石膏药性辛寒,可根据病情适当增加石膏用量。有一个病例,开始时一付药用 10 克石膏,后来一付药增加到 30 克,病人服后取得了较好疗效。

主讲大夫乙(1 月 21 日) 治疗胃病的"白虎汤"是由石膏、知母、甘草和粳米四味药组成,其中石膏和知母是主要药物。一付药中,石膏和知母用量分别为 30 克和 25 克,可根据病情适当增加石膏用量。以前有位名医将石膏加到 60 克,后来在一付药中将石膏加大到 250 克,治好了疾病。

主讲大夫丙(2 月 26 日) 早年名医张锡纯用生石膏治实热,富有经验。他为他女儿的发烧用生石膏煎水服用治疗:第一次用石膏 1 两(30 克),第二次将石膏加量至 2 两(60 克),第三次将石膏加量至 3 两(90 克)。三天治愈。我(大夫丙)近期对感冒发烧达 38℃ 的病人,开了一配方:生石膏 2 两(60 克),粳米 2.5 两,用水 3 碗煮至米熟,取其汤趁热喝下,发汗,疗效很好。生石膏和粳米共煮是将石膏内部治病的精华煮出,药渣已无效了。

在听讲过程中和听讲以后,几位观众纷纷发表各自见解:

观众 A 石膏在水中是微溶性的,用 500 克水煎药,1 克石膏在沸腾的药液中是溶解不完的。一付药中石膏用量为 1 克,或 10 克,或 30 克,或 250 克不会有差别。大夫多次增加石膏用量取得较好疗效,只是一种偶然的结果,不是增加石膏用量所致,主讲大夫推荐的治疗方法是盲目的。

观众 B 中药的配伍作用表现在药物在沸水中煎煮时,相互出现一些化学效应和表面吸附等作用。石膏量大,药液中悬浮的石膏颗粒多,饮入胃中的石膏数量就多。实践的经验是十分宝贵的,不能单从饱和溶解度原理去分析药物的疗效。

观众 C 在药方中,石膏颗粒的大小并没有规定,通常药店里出售的石膏颗粒都较大,如果将石膏磨细成粉,1 克石膏粉的表面积和悬浮的石膏比 30 克大粒石膏还要多,是不是不添量只磨细就可以有高疗效?

观众 D 主讲大夫还说到有位患者在加大石膏用量时,药渣中石膏依然很多,他怕石膏没有充分发挥作用,请教大夫是否可以将药渣磨细,混入馒头中吃进胃里提高药效。大夫说:"煎中药煎两次就可以了,一般第三次煎药的汤液已经很清淡,没有作用了。"

这里存在三个问题:第一,根据文献资料,人们不要过量服用石膏。将石膏磨细,是否更容易将"精华"煎出;反之,磨细的石膏在药液中形成悬浮颗粒较多,咽入胃中,在酸性胃液作用下,石膏溶解度加大,胃液中钙离子的浓度加大,容易引致胆结石和肾结石。第二,究竟药渣中的石膏和煎煮前的石膏是否有差异? 煎药过程真的把石膏的"精华"煎出? 这"精华"是什么? 石膏是天然的矿石,经历地质年代的风霜雨雪的洗礼,还能保住"精华"? 第三,在中药治病的研究中,若不重视化学科学所取得的成果,认为石膏在水中煎煮后,石膏中的"精华"就没有了,这种盲目性与用"燃素说"解释燃烧现象的错误是相似的。

在《中国:医学文化博览》书中有一篇文章:"清热泻火的矿物药石膏"。文中将石膏($CaSO_4 \cdot 2H_2O$)的化学性质和治病的机理结合,摘录一段如下:

"石膏是一味清热泻火药,作为矿物的石膏怎么会起到清热泻火的作用呢,……石膏是二水合硫酸钙,微溶于水,但内服进入胃部,在胃酸作用下,一部分转化为氯化钙,变成可溶性钙盐,……溶于水的物质才能随着血液的流动,输送到肌体的各个部位,参与肌体的生理功能。当肌体内的钙离子遇到肌体代谢,或是致病微生物在肌体内产生的有机酸类,就会使其变为不溶性钙盐,失去毒性。一般高烧病人,大多发生代谢性酸中毒,如果服用石膏汤,石膏不仅中和了引起中毒的有机酸,而且它跟致病微生物内的氨基酸作用,使其失去营养而被抑制。虽然石膏不是抗生素,可它起到了抗生素抑制致病微生物繁殖发展的作用——不是抗生素胜似抗生素,而且作用广谱,对一切致病微生物都有效,且不发生耐药性,无副作用;虽然石膏不是退烧药,可它中和了毒素而使肌体退烧，起到了解热药的作用。"

前几年，笔者查阅新出版的多本中草药药典、图典、图鉴，它们印刷精美、色彩鲜丽，其中关于石膏的描述，只停留在外形上："石膏呈纤维状结晶聚合体，长块状或不规则块状。"没有一本药典介绍关于它的化学科学知识，如饱和溶解度数据等，总体内容和几百年前的药典相比，没有质的变化，没有体现出中医药随着科学的发展而更新提高。希望药物化学家重视这个问题。

化学是什么？化学是一门基础科学，它和医学等其他学科一起，将祖先遗留给我们的珍贵的治病经验和方法进行研究，了解其本质，使中医药的治疗水平提高到一个新的高度，而不是简单盲目地对某一味药加以增减。

8.3.5　化学合成药物增进人类健康

医药水平的提高，延长了人的寿命。据统计，世界人口的平均寿命在 20 世纪初为 45 岁，到世纪末增长到 65 岁。在美国，1900 年人口的平均寿命为 49 岁，而 2000 年达到 79 岁。医生医疗水平的提高和药物化学家合成的药物为延长人的寿命作出了重大贡献。

医生治病的第一步是正确地诊断病人患了什么病。中医在几千年的治病救人实践中积累了望闻问切的宝贵经验。随着化学科学的发展，化学分析不仅在提高中医治病效果上起良好作用,而且在现代医学诊治疾病过程中,更是处处离不开,医生必须要有深厚的化学知识。血液等体液和尿液等排泄物的化验是不可缺少的诊断疾病的方法。利用氢原子的核磁共振成像技术得到人脑断层图像,显示出脑中病变的性质和部位,指导医生进行手术。利用四环素检查诊断萎缩性胃炎和胃癌,是将分析化学方法应用于医学的很好实例。四环素是在紫外线照射下能发射荧光的有机分子,它能与铜离子形成络(配)合物,这种络(配)合物不为人体吸收,不能进入血液。胃癌和胃炎患者,其胃液中铜离子比正常人多,血液中四环素含量明显地低于正常人。化验时让病人空腹口服几片四环素,经过一些时间,从病人耳朵或其他部位抽一滴血,用紫外线照射,从四环素所发荧光的强弱就可知道四环素的含量,即可判断是否有胃病。

好医要有好药。在 20 世纪通过化学合成创制的数千种药物中,最有影响和代表性的药物当首推磺胺类药和青霉素类药。

在 20 世纪 30 年代以前,一些细菌性传染病严重地危害人类健康,可怕的瘟疫常常造成大量人口死亡。1935 年,化学家合成出对氨基苯磺酰胺(SN)抗菌药物,有效地医治好许多细菌感染的疾病。到 1945 年,药物化学家合成、筛选过的磺胺类化合物达数千种,应用于临床的有磺胺嘧啶(SD)、磺胺甲基嘧啶(SM_1)和磺胺噻唑(ST)等,其中 SD 在预防和治疗流行性脑膜炎方面有突出作用,至今仍在使用。目前,常用的磺胺药为磺胺甲

唑(SMZ),它是 1962 年首次合成的。磺胺类化合物的化学结构式如下所示:

青霉素用于治疗伤口感染具有神奇功效,在第二次世界大战中拯救了大批伤员,创造了医学奇迹。有人评价说:原子弹是第二次世界大战中杀伤力最强的武器,青霉素是从战场上拯救生命最多的药物。原子弹、青霉素和雷达并列为第二次世界大战期间的三大科学发明。青霉素的化学结构式如下所示:

迄今,化学家通过以天然抗生素为原料进行化学修饰等方法得到青霉素类化合物达上千种,拯救了数以千万计的生命。但是随着青霉素的大规模使用,越来越多的细菌对它产生了耐药性,使得一些传染病又重新开始威胁人类的生命。解决耐药性问题要依靠创制新药物,使药物更新换代。人类与疾病的斗争任重而道远。

8.3.6　中国药物化学家的重任

据统计,近30年来市场上出现完全的新药数量不多,平均一年50个左右,由我国药物化学家创造的新药寥寥无几。新药品种少的原因主要是人们对药物的要求越来越高,新药必须满足有效、无副作用和质量可靠三个条件。新药的质量和疗效必须比老药更好,才能在市场上站住脚。

在前面几个小节中提到中草药在我国已有几千年的历史,积累了极为丰富的宝贵资料,但是限于当时的科学技术水平,并不能说明它们的化学成分,在医治疾病中起什么样的化学反应。中药中化学成分极为复杂,究竟是哪些起主要作用,哪些起辅助作用,又有哪些成分不利于治病,应当设法除去?现在药物化学的认识水平和先进的化学分析仪器,已经到达能够深入认识中药的成分和治病机理,并从中制出新药。

第一,对医疗中各个科室所治疾病的常用中药进行筛选,取最常用而又有显著医疗效果的几种中药,像研究青蒿、柳树叶、银杏叶等药物一样,深入地了解它的成分并能进一步加以改造,成为能立足于世界的良药。

第二,开拓创新,研究中药的特效性,例如陈竺院士发现砒霜可以治疗白血病,将"毒药"变成"良药"。还应更深入一步了解它的机理,回答这味无机化合物中药能和病菌所起的化学和生理反应。

第三,复方药物在我国极为盛行,由于中药成分极为复杂,那些治病的成分常常和不治病甚至起反作用的成分并存。选择一些复方药物进行研究,阐明哪一些起主要作用,哪一些起辅助作用。不要像广告宣传××药酒加了 65 种中药,可强身健体。现代的化学已进入很高水平,65 种中药能溶于酒精溶液的成分估计有几百种,它们对人体有的起促进健康增强抗病能力的作用,有的可能相反。若能对"复方药物"和"复方饮料"进行化学分析,深入研究,才能打开市场销路,并长远地站住脚,造福人民。

8.4　生活中的化学元素问题

8.4.1　人体中的化学元素

人体由化学元素组成。各种元素在人体中的含量不完全相同,同一个人也因年龄不同、饮食不同和其他生活条件不同而有差异。

1. 常量必需元素

根据人的生理和化学成分的分析、统计,平均而言,有 11 种对成人是常量必需元素,它们是氧、碳、氢、氮、钙、磷、钾、硫、钠、氯、镁。它们占人体体重的百分数和在人体组织中的分布列于表 8.4.1 中。

表 8.4.1 人体必需的常量元素

元素	占体重百分数	在人体组织中的分布
O	64.30	水、体液、肌肉、脂肪、器官
C	18.00	肌肉、脂肪、器官
H	10.00	水、体液、肌肉、脂肪、器官
N	3.00	肌肉、器官
Ca	2.00	骨骼、牙、肌肉、体液
P	1.00	骨骼、牙、磷脂、磷蛋白
K	0.35	细胞内液
S	0.25	含硫氨基酸、头发、指甲、皮肤
Na	0.15	细胞外液、骨
Cl	0.15	胃肠道、脑脊液、细胞外液
Mg	0.05	骨、牙、软组织、细胞内液

2. 微量必需元素

人体必需的微量元素有 18 种,这里所指微量是指在人体中含量低于 0.01%(有报道,Si 稍高,约 0.025%),它们是硅、铁、氟、锌、铜、钒、锡、硒、锰、碘、镍、钼、锶、砷、溴、硼、铬、钴。它们在人体内起着重要的作用。例如铁在体内参加血红蛋白、肌红蛋白、细胞色素及一些酶的合成,参与呼吸及生物氧化过程,帮助体内氧的运输。铁在人体中的分布较广,以肝和脾含量最高,其次为肾、心和脑。锌参与很多金属酶、RNA 和 DNA 等的合成,锌和胰岛素活性有关,锌促进性器官发育、维持正常的性功能,促进创伤愈合和组织再生。硒是很强的抗氧化剂,参与辅酶 A 和辅酶 Q 的合成,硒可以保护眼睛使视力敏锐,硒还可抑制癌症的发生和发展。锰是许多酶的重要活化剂,增强许多代谢反应,促进生长发育,增强内分泌功能,调节神经应激能力。钴是维生素 B_{12} 的组成成分,对刺激红细胞生成有重要作用。据研究,上述这些元素是维持人体正常的生理活动所必需,但切记,不是说它们含量越多越好。

3. 非必需元素

非必需元素有铷、铝、钡、钛、铌、锆等,其中铝、钛和钡等在自然界分布甚广,在人们的生活过程中会进入人体。例如明矾的成分是 $KAl(SO_4)_2 \cdot 12H_2O$,明矾常用来澄清饮用水,炸油条加少许明矾会更酥脆;日常生活用铝质炊具,铝在人体中的生理作用以及允许的适量范围有待生物化学家精确的研究。

4. 有毒元素

有毒元素即对人体健康有害的元素,包括镉、汞、铅、铋、锑、铍等 6 种。对这些元素要尽量避免吸入人体。

化学家在了解人体中所含的各类化学元素时,不要只停留在元素的品种和含量上,还要了解这些元素在人体中所起的功能,过多或过少会有什么样的害处,要了解这些元素以什么样的化合物通过什么途径进入人体,在人体中会起什么样的化学变化等情况。例如,C 和 O 都是人体必需的最大量的元素,从表 8.4.1 可知,它们共占人体重量的 82.3%,人们的饮食、呼吸和排泄就有大量的 C 和 O 进出人体,其中 CO_2 在人体的生理活动中占有极重要的地位。但是若空气中含有 CO,被吸入体内,CO 分子就会和血红素中的 Fe 结合成 Fe═CO 结构,阻止它再和氧气结合成 Fe^+—O$\diagdown$$_{O^-}$ 的结构,血液失去了载氧功能,人体就会因煤气中毒而死亡。又如,汞是有毒元素,可是牙科医生常用汞齐合金补牙,直接将有毒元素放到嘴里,长期和它相处未见中毒。汞的毒性表现在汞蒸气,当它经呼吸道进入人体,会经过血液到达脑部,损害脑组织;汞的化合物甲基汞(Hg—CH_3)、二甲基汞(H_3C—Hg—CH_3)和乙基汞(Hg—C_2H_5)等有机汞都是剧毒物质,可经皮肤、消化道和呼吸道进入体内,破坏脑、肝和肾等器官的功能,要切实地防止这类化合物的中毒。汞齐合金不会产生汞蒸气,不会渗出进入血液,也不会转化为烷基汞,所以是无毒的、安全的。

8.4.2　食盐加碘,解除病痛,增进智力

碘缺乏症是人类生存的自然环境缺少碘而引起的世界性疾病。据世界卫生组织(WHO)估计,全世界有 118 个国家受到碘缺乏症的危害,约有 15 亿多人生活在缺碘的环境中。因碘缺乏而造成的疾病主要是甲状腺增生肿大,即大脖子病和智能发育出现障碍,形成智力低下的疾病。

通过化学对人体生理活动和化学成分的研究,已知正常成人体内碘的含量约在 15～25 毫克之间,其中 70％～80％存在于甲状腺。甲状腺中碘浓度比血浆中高约 25 倍。人体中的碘主要是通过甲状腺素参与全身一系列的生理活动,它涉及人体生物氧化、水盐代谢、维生素吸收和利用、神经系统发育等 100 多种酶的活力,对促进新陈代谢、蛋白质合成、调节能量转换和加速生长发育等起着关键作用,维持人体的正常生命活动的需要。碘是人体必需的微量元素。

通过化学研究了解碘主要不是以离子形式(I^-)起生化作用,而是和其他元素组成甲状腺素参与生理活动。甲状腺素有两种:

T_4:四碘甲腺原氨酸

T₃：三碘甲腺原氨酸

从上述分析得知，生活在缺碘地区的人，要设法加碘，现在主要用加碘盐的方式防治。但是摄入碘过量会引起甲亢、甲状腺结节和甲状腺肿瘤，所以碘盐的推广也要有针对性。

在食盐（NaCl）中加碘，通常不是加碘化钠（NaI），而是加人体更容易吸收的碘酸钾（KIO_3）。加碘的数量是使每千克食盐中达到含碘40～50毫克之间。正常人每天约需0.1～0.3毫克碘。

由于碘盐中的碘遇热容易挥发而散失，使用时应注意以下几点：

（1）不宜大量购买，屯积久放；要用玻璃瓶装，用后盖严。

（2）避免阳光照射、敞口受热。

（3）忌干热锅先放盐后炒菜，宜在出锅前加盐。

工业用盐中常添加一些亚铁氰化钾（抗结剂），这种盐对人体健康影响很大，不能作为食用盐。

化学是什么？化学是一门指导人们正确地理解日常生活细节中的道理，促进其健康生活的基础科学。

8.4.3　三鹿奶粉掺三聚氰胺事件

牛奶中的主要营养成分是蛋白质。鲜牛奶中蛋白质含量的国家标准是每 100 毫升牛奶中含蛋白质的量不少于 2.95 克。食品工业中检测蛋白质的含量是用定氮法,即用强酸处理牛奶样品,让奶所含蛋白质中的氮变为氮气(N_2)释放出来,测定氮的量,以此计算出蛋白质的含量。牛奶中的蛋白质的含氮率约为 16%,国家标准规定把测出的氮含量乘以 6.3,就是牛奶中蛋白质的含量。

牛奶中含氮的物质只有蛋白质。不法商家和奶牛养殖户为了多赚钱,在奶中加水。兑水导致牛奶含蛋白质量降低了,为了骗过检测标准,加含氮量高的三聚氰胺或尿素,作为蛋白质的冒充物,严重影响牛奶的质量。2008 年,三鹿奶粉中添加三聚氰胺事件,闹得全国沸沸扬扬,上万名婴幼儿住院治疗肾结石,数以万吨计的奶制品先后下架,国外禁止进口中国奶制品等等,经济损失数以十亿元计,对人民的身体健康造成了巨大的损害,并产生了极坏的国际影响。

三聚氰胺又称蜜胺,英文名称为 cyanuramide 或 melamine,分子式为 $C_3H_6N_6$。它是无色无味的晶体,熔点 354℃,密度 $1.573\,g\cdot cm^{-3}$。含氮量达 66.6%。它的用途广泛,是基本有机化工的中间产品。

三聚氰胺

尿素

尿素的英文名称为 urea,分子式为 $CO(NH_2)_2$。它是无色无味晶体,熔点为 132.7℃,密度 1.335 g·cm^{-3},含氮量达 46.7%,大量用作化肥和化工原料。尿素在高温环境下会变成三聚氰胺。

长期饮用含有三聚氰胺的牛奶或奶粉,会引发肾结石。肾结石患儿有排尿困难、排尿疼痛、尿潴留、遗尿、血尿、发热等症状,严重影响患儿健康。

这一事件说明:在食品化学中如果只是简单地检测食品中所含化学元素的成分,就会使不法商贩钻空子;还要注意它是什么样的化合物,制定出切合实际的食品检验标准,并严格遵照执行。从事相关工作的科技人员要以此事件为教训,亡羊补牢,研究解决食品添加剂问题、食品质量检测问题,为广大人民提供健康的食品。

8.4.4 酸性食品和碱性食品

食物中所含的各种矿物元素在人体内经过代谢消化后,氧化生成的氧化物,有的是酸性氧化物,如磷、氯、硫、碘等非金属元素,通常称它们为酸性矿物元素;有的是碱性氧化物,如钙、镁、钠、钾等金属元素,通常称它们为碱性矿物元素。有些食品含酸性矿物元素较多,灰分呈酸性反应;有些食品含碱性矿物元素较多,灰分呈碱性反应。由于灰分的酸碱性反应,一般与体内氧化的结果相同,据此将食品分为酸性食品和碱性食品。注意,这种对食品的分类与食品本身是否呈酸味无关,而是食品中两类元素氧化后的综合结果。常见的酸性食品有米、面、蛋、鱼和肉等;常见的碱性食品有蔬菜、水果、薯类、海带等。在日常膳食中,要注意酸性食品和碱性食品的合理搭配,维持人体体液的 pH 在 7.35～7.45 之间,稍偏碱性。若摄入酸性食品过多,会引起各种酸中毒和钙缺乏症。

食品的酸碱性问题也可从人体血液的酸碱性和食物的代谢角度分析。人体血液正常的 pH 为 7.35～7.45,略呈碱性。

(1) 导致血液酸化的食物,简称酸性食物。如肉、蛋黄、动物内脏,这些食品的代谢产物含 $H_3\overset{+}{N}—R—COO^-$ 结构类型的分子较多,它们在血液中略呈酸性,对人体健康不利。

(2) 导致血液呈微碱性的食物,简称碱性食物。如水果、红薯、海带、山楂等,它们有些口味呈酸性,代谢时放出 CO_2,留在血液中的 K^+、Na^+ 等较多,略呈碱性,对健康有利。

8.4.5　缺钙和补钙

钙是人体必需的大量元素。据统计,一个体重 70 千克的成人,含钙约 1.42 千克,其中 99% 以磷酸盐、碳酸盐、氢氧化物的形式存在于骨骼、牙齿以及软组织中。这些骨骼,除了保护大脑、脊髓等各种器官外,还司掌身体的运动,同时还兼具钙质储存库的功能。另外 1% 存在于体液之中,钙以离子 Ca^{2+} 的形式存在,细胞外 Ca^{2+} 的浓度高于细胞内的浓度,其生理功能是起调节和信使作用,在肌肉收缩、心脏搏动、神经传导和出血时血液的凝固过程中起重要作用。Ca^{2+} 的正常浓度对维持细胞膜的完整性和肌肉的兴奋极为重要,许多激素在和靶细胞发挥作用时必须有 Ca^{2+} 参加。

在人体各组织之间,不断地发生着钙的交换。骨组织与细胞外液也如是,新骨不断形成,旧骨不断萎缩,形成骨钙的新陈代谢。当饮食中钙不足或肠钙吸收不良时,骨骼会释放钙以维持正常血钙水平,使各组织细胞维持正常生理功能;反之,饮食钙过多或肠钙吸收过多时,大部分钙被储存于骨组织中,避免血钙过度升高。但骨钙的储存量是有限的,当达到饱和时,多余部分通过肾脏随粪便排出。维生素 D 对肠钙的吸收很重要,它在皮肤受日照后被激活才能变为维生素 D_3,吸收人体所必需的钙。

骨质疏松是一种因骨量降低、骨组织显微结构受损,导致骨的脆性增加,容易骨折的疾病。骨骼由蛋白质形成的胶原纤维加上由钙离子和磷酸盐离子形成的羟基磷酸钙共同组成。骨骼在生命过程中处于不断更新状态,即血液中的钙离子不断地沉积于骨骼中,称为"骨形成";骨骼中的钙离子不断地释放到血液中,称为"骨萎缩"。在青少年发育期,骨形成较骨萎缩旺盛,骨骼逐渐增长;成年后,两者相对平衡;到达老年,骨形成弱于骨萎缩,骨量呈逐渐减少,容易导致重度骨质疏松,引发骨折,其中髋骨骨折危害最大,椎骨被压碎、大腿关节骨折、手腕骨折等较常见。

要使骨骼正常生长,维持健康水平,需要医生治疗、引导。从化学知识来分析,应注意以下几点:

(1) 选用含钙丰富的食品,增加食物中的钙含量。牛奶、豆类、水产品等食品含钙较多。蛋类中的钙、磷元素以及维生素 D 多集中于蛋黄中。适当服用维生素 D,注意多晒太阳,使钙容易吸收。

(2) 注意各种元素搭配。骨骼的形成除了依靠钙元素外,磷是重要元素,镁、钾和氟也对骨形成起重要促进作用。单一的补钙对治骨质疏松不会有好效果。所以饮食中要注意钙和磷的比例,注意补充钾、镁等元素。利用营养化学的知识适当选料和改善烹饪方法。例如炖肉骨头汤,加适量的醋,促进钙和磷溶解,营养比较全面。

(3) 防止血钙过高。人体对各种元素的含量都有一定要求,过多或过高导致失衡会影响健康,血钙高会导致肾结石。

下面举一实例以供生活中遇到相似问题时思考、探索。菠菜中含草酸较多,有人认为由于草酸会和钙在胃中形成草酸钙不溶性盐而排出,不宜食用,更不要和豆腐合煮,认为这是食物搭配中的禁忌。另外有人认为只要注意烹调方法,即可去弊存利。方法是先将菠菜在沸水中焯 2～3 分钟,大部分草酸溶于水中除去,这焯过的菠菜中草酸含量和一般蔬菜差不多,用它和豆腐一起烹炒,剩余草酸和豆腐中游离的钙(石膏点豆浆形成豆腐留下的钙)结合成草酸钙,减少患结石概率。绿色菠菜中富含镁、铁、钾等元素,对补骨、补血都很有效,这道菜不是食物搭配中的禁忌,而是营养丰富、色香味俱佳的食品。

8.4.6 茶叶和茶叶蛋

茶是我国的传统饮料,历史悠久、资源丰富、品种众多、名茶迭出。有人考证中国饮茶已有 2700 多年历史,唐代陆羽首著《茶经》,把茶文化和养生之道总结提高到新水平。茶之所以受到重视,原因在于它对人的养生保健之功。

新鲜的茶叶含水 75%～80%,干物质 20%～25%。在不计算水分的干茶叶中,含茶多酚(又称茶单宁、鞣酸、鞣质)20%～35%,蛋白质 20%～30%,糖类 35%～40%,茶碱 3%～5%,脂类化合物 4%～7%,有机酸 3%,矿物质 4%～7%,维生素 0.6%～1%。上述成分中,最有特色的是茶多酚和茶碱。

茶多酚是一类多酚化合物的总称,包括儿茶酚、黄酮和花青素等,其中以儿茶酚最多,它是自然界中最强的抗氧化剂之一,饮茶的功效许多和它有关。它可使致癌物失去活性,阻断亚硝酸胺的形成,抑制癌细胞生长;它对脂肪代谢有重要作用,也对抑制心血管疾病和动脉硬化、增强毛细血管的弹性起良好作用;它能抑制和抵抗病菌、消炎和抗病毒。

儿茶酚也是一类具有下式所示的化学结构化合物的总称。茶叶生长的条件不同,取代基 R^1 和 R^2 都可能会有差异,但上述茶叶的生理功能基本相同。

茶碱是一类生物碱,主要为咖啡因,它使茶具有苦味,有提神强心、利尿和醒酒等作用。茶叶中包含的其他物质具有护眼明目、护牙固齿、促进消化、降低血脂等功能。

茶的品种很多,主要有绿茶、红茶和乌龙茶。绿茶是不发酵茶,将采摘的新鲜茶叶,炒烤(或蒸)、干燥,破坏其中的发酵酶,防止酸化变色。绿茶中保持原茶成分最多,所含各种醇、糖和胶质为茶赋味添香,茶水清汤绿叶,鲜醇爽口,清热提神。红茶是经揉制发酵,使茶中的酶促进氧化、发生化学反应,茶多酚减少约 90%,产生茶黄素、茶红素等新成分,颜色转变为红棕色,香气物质明显增加,香浓味纯,去寒暖胃。乌龙茶是半发酵茶,品质介于绿茶和红茶之间,对分解脂肪、减肥健美作用较好。茶中的芳香油使茶具有特殊香味,但它易挥发,所以茶饮料宜泡不宜煮。

现代药理试验证明,因茶含茶多酚及茶碱等成分,对中枢神经、循环系统、代谢功能等有兴奋作用,并具有利尿、抑菌、抗癌、减少心肌梗塞等功效,因而茶得到"健康饮料""安全兴奋剂""美容饮料"等美称。

其实我国的茶叶除泡水作饮料外,还作为蔬菜原料加入菜肴中。以茶入烹的菜肴品种不少,例如:龙井鱼片、祁门鸡丁、铁观音炖鸭、碧螺(春)虾仁、五香茶叶蛋等等。居家烧菜烹红烧肉、清炖鱼、炖豆腐,适当加些茶叶,既有茶香,又养生保健。注意烧菜以绿茶为上,茶叶蛋以红茶为宜。

对茶叶的养生保健功能的认识,并非一帆风顺。有人根据茶中含有茶碱和茶多酚成分,发表一些见解,载于报刊,说"茶叶蛋是一种于人体健康有损的食品"。"茶叶中除生物碱外,还有酸化物质,这些化合物与鸡蛋中铁元素结合,对胃起刺激作用,不利于消化吸收。"国外个别报刊甚至曾发表过"茶是致癌物"的观点。

长期的实践证明,茶叶蛋加工方便、美味养生、食用简便、适于旅游携带,并未见有实际损害健康的报道。鞣酸与铁作用几乎遍及众多的蔬菜和水果。茶叶泡水作饮料和茶菜肴中茶的用量相对于其他蔬菜的量要少很多。至于茶是致癌物之说,更是错误。不少化学家曾就此作了细致实验，证明茶对人体起抗癌治癌作用，而否定了茶是致癌物之说。

化学是什么？化学是一门帮助人们准确地分析食品的化学成分，并了解其在人体中作用的基础科学。由于人体是一个极为复杂的化学反应器，在试管或烧瓶中的化学反应条件下进行反应所得的结果，和胃、肠、血液中的结果是不尽相同的，其差异正是现代化学所要研究的课题。

所以，对食品中的化学问题要特别注意：一是不能简单机械地进行推论，而要辩证地考虑复杂因素的作用。二是要有数量的观点，对于像汞、镉等金属毒物，在体内起累积作用，要细心检验出它的精确含量，帮助卫生部门严格把关控制；对鞣酸和茶碱等，在喝茶时进入体内的量不多，是否就和铁离子结合而影响健康，则要慎重地思考其利弊。三是要重视社会历史的实践结果，例如说饮茶致癌，这和我国的情况截然不同。以前我国人民主要喝茶饮料，癌症发病率较低（个别地域水质中含氟高等因素除外），近几十年来城市中癌症发病率增高，是否和饮用较多的碳酸型饮料及其他饮料有关？

另外，食品的化学成分还和施加的饲料和肥料有关，化学可以在其中起重要作用，现以鸡蛋为例说明。从 20 世纪 50 年代起，日本人注意在饲料中添加海藻，发现蛋中含碘量和某些维生素增加，这种蛋除了补碘外，还有利于治疗哮喘、皮炎和高血压。

美国在饲料中增加多种植物成分,包括葵花籽,发现蛋中含胆固醇较低。饲料中加含锌化合物,蛋变成了"高锌蛋",大大提高市场销售量和价值。其实这种做法,早在清朝乾隆年间就有记载:淮扬大盐商黄冠太用人参、白术等药研末加在饲料中喂养蛋鸡,生出的蛋"味美无比,最为养人",价值"每枚纹银一两"。

通过对食品化学成分的分析,安全合理地组织生产和烹调,提高食品的品位,为人民的健康养生服务,是化学的重要内容。

民以食为天,食以安为先。随着我国人民生活水平的提高,食品的质量和安全问题也越来越引起全社会的关注。要全面地提高食品的安全性,需要以了解和研究,进而掌控食品原料中的化学成分及食品加工和储存中可能发生的变化和被污染的情况为前提,通过化学方法保障食品的质量和安全,是坚持以人为本,全面、协调、可持续发展的核心内容之一。

第 9 章

化学是自然科学的探索者

9.1　开拓新创意和新思想

　　在创建未来美好的社会时,要着眼于社会的可持续发展,要开展高新技术的研究,发展新兴产业,提高社会生产力,不断地改善人民大众的生活质量。当今前沿科技领域的热点和未来发展的方向,对能源、信息技术、生物技术、先进材料、农业、生态环境、资源利用以及人民大众的健康等各个领域,都存在许多挑战和机遇,待有重大的发明创新,都可建立起新兴产业。由于化学是深入到原子和分子水平,研究各类物质组成、制备、结构、性质和相互作用的科学,在开展创新研究和建立新产业过程中,处处都离不开化学的支撑,即需要化学的基础理论和规律作指导,以各种化学分析方法所得结果为依据,利用化学合成的各种化合物和材料作为物质基础,突破难关,取得实效,开拓出具有新创意和新思想的新学科。

发现新的化学反应、新的化学试剂、新的化学方法和新的化学理论去合成新的化合物和新的材料，以求满足人们的新需求，始终是未来化学的基本内容。

在五彩缤纷的世界中，各种动植物都有其生长规律和外貌特征。对它们的研究会不断发现新的天然产物及其特殊功能。在 8.2 节中所述的维生素类化合物的发现、发展和合成以提供给人类生活需求的过程就是生动的实例。未来的化学对研究一类化合物的功能、结构、合成生产和应用测试将会层出不穷。在了解某一种化合物的功能和结构以后，不论多么复杂的化合物都可以分解为若干基本反应，如加成反应、重排反应等，每个基本反应均有其特殊的反应功能。合成时可以设计和选择不同的起始原料，用不同的基本合成反应获得同一种化合物。通过起始原料是否易得，合成的反应步骤是否简单易行，产率是否较高，产品中存在不同的异构体时，所需要的异构体是否易得，不需要的有害异构体是否容易清除等问题进行对比，选择最合理、最经济的合成路线进行生产。

化学的创造性不仅能从自然界存在的化合物中得到启示、进行研究和人工合成出天然已产生的物质，而且能够根据人们的需要创造出自然界原本不存在的物质。有些人工合成的化合物可以更深入地研究它的性能，并置换分子中的某些基团，获得成千上万种衍生物，从中选出最能满足人们需要的化合物。下面以增雨剂和消雷剂为例，阐明化学和气象学、物理学等一起，共同解决实际问题。

2008 年 8 月 8 日晚，奥运会在北京开幕，估计全世界有十多亿人观看开幕盛典。根据天气预测，当晚奥运会开幕式所在的场馆及放焰火的区域下雨的可能性很大。下雨将严重影响开幕盛典的表演和观赏效果。怎样调整下雨地点，使它不落在北京市区？气象台根据雨云是从西方飘移向市区的情况，在北京市西边布置了高射炮阵地，于当晚向天空云层发射增雨炮弹，使雨水落在西边地区，北京市区没有下雨。开幕式的焰火及鸟巢中的庆典仪式没有受到影响，气象工作人员作出了重大贡献。其实，调整下雨地点的尚方宝剑——增雨炮弹的增雨剂是化学家配制的，功劳也有化学家一份。

增雨剂是由碘化银和尿素等类吸水性很强的化合物微粒组成，当炸弹在云层内炸开，微粒撒向云层，将云层中的小水滴和水分子吸在一起，聚集长大，成为雨滴降落大地。

利用增雨剂调整下雨地点既可防雨也可抗旱，减轻自然灾害。为此气象学家要准确预测天气情况，选择散布增雨剂的地点，另外增雨剂的散布方式最好采用小型无人驾驶飞行器，飞入云层直接喷撒，这就要求化学家配制出吸水性强、安全无害、资源丰富、成本低廉、颗粒细小均匀的增雨剂。

同样,消除雷电是摆在物理学家和化学家面前的具有重大理论意义和现实意义的研究课题。探究大气中相距不远的云团为什么会带有数量巨大、性质不同的电荷,了解云团中水滴在飘移过程中所发生的变化和性能,配制高效的消雷剂等都是化学要研究的内容。

9.2　揭开生命的奥秘

9.2.1　化学对生命的认识

化学主要是在原子和分子水平上研究物质相互作用和变化的规律,以及研究物质的结构和性能之间的相互关系。现已知道,生物体中的各种生命过程都和化学变化密切相关,简单的酸碱中和反应、复杂的酶的催化作用都是化学反应在特定条件下的一种生理过程。

迄今,化学在探究生命过程中的许多问题上已作出了重要的贡献。早在 20 世纪初,化学家已开始研究糖类、维生素、血红素、叶绿素等的化学结构。此后逐渐认识生命物质由蛋白质、核酸、糖类、脂类等有机物和水及无机盐组成,各种组分在生命过程中都有其特定的功能。蛋白质构成生物体中的各种器官,也是构成促进体内生化反应的酶催化剂;核酸是遗传的主要物质基础;糖是生命活动的主要能源;脂类主要起着供能和保温作用,也是组成细胞膜的主要成分;水起着溶剂作用并参与形成各种生命物质。上述各种物质能结合成具有生命的特性,各种次级键,特别是氢键在其中起着关键的作用。

糖类、蛋白质和核酸等生物大分子的序列分析研究已取得很大成果,但如何进行微量、快速的序列分析仍有待进一步深入。在上述基础上开展合成和应用的研究,包括合成方法、模拟和改造天然活性肽、创造具有新功能的蛋白质分子、合成具有特殊生物功能的寡糖、合成指定结构的核苷酸、合成生物体中含量很低而活性很强的核酸和多肽以及研究其结构和应用,将是未来化学在生命科学领域的重要内容。

生物体从诞生、成长、繁殖到衰亡的整个生理过程,实质上都和化学反应密切相关。这些过程在生物体中由各种各样的生物膜包围成一个个大小不同的细胞和器官,它们就是不同的化学反应器,在其中进行着非常复杂而又相互配合得很和谐的化学反应。这些膜和多种多样的化学反应过程,有它们的共性,但不同的个体和反应条件的不同又有它们的特殊性,阐明这些反应在各种条件下进行的机理,其内容浩如大海,有待未来的化学家去研究。

从另外一个角度出发,探讨一种化学物质在生物体的各个器官中的生理活动以及在不同条件下的功能和性质,也是化学家需要研究的课题。1992 年一氧化氮(NO)分子成为该年度的化学明星分子就是一例。

一氧化氮是化学家早已熟悉的一个小分子，直到 20 世纪 80 年代末才发现它在多种生化过程中起着关键作用。它具有神奇的生理调节功能，对心血管调节、神经和免疫调节等有着十分重要的作用：

（1）刺激血管平滑肌起舒张血管作用，可以降低血压。长期以来人们用硝酸甘油酯类血管扩张剂来治疗心绞痛和心力衰竭，通过研究发现，这是因为硝酸甘油酯在生理条件下发生变化生成一氧化氮，从而刺激血管平滑肌而使血管扩张。

（2）在神经系统中起传递信息物质的作用。NO 可用于治疗泌尿生殖系统疾病。NO 不需要通过任何中介机制，快速扩散透过生物膜，将一个细胞产生的信息传递到它周围的细胞中。NO 还具备传递性兴奋信息和帮助大脑记忆等功能。

（3）杀灭细菌，增强免疫功能。当细菌入侵人体时，体内的一氧化氮合成酶就会促使 L-精氨酸分解生成 NO 来杀灭细菌。研究表明，NO 具抗炎和促进炎症产生的双重作用。微量的 NO 可以灭菌，但浓度大时也可以引起炎症。NO 浓度的变化与肌体的生理功能紧密相关，许多疾病包括癌变和动脉硬化等，可能是 NO 的释放或调节不正常引起的。

一氧化氮的许多功能已被确证，发现 NO 具有上述功能的科学家于 1998 年获得诺贝尔生理学或医学奖。但是，科学家们对 NO 的生物化学特性仍然知之甚少,对它的作用机制仍需继续深入研究。

一氧化氮是一个组成最简单的双原子分子之一。由 2 个 NO 分子组成的$(NO)_2$二聚分子,在气相中利用电子衍射法测定得到的结构如下所示:

$$\overset{\text{224 pm}}{N - - - - N}$$

（N----N 之间 224 pm，两侧为 N=O，右侧标注 115 pm，下方各有 O）

N----N 间的距离为 224 pm,2 个 N═O 的键长为 115 pm,按照 N 原子为三价,O 原子为二价,$(NO)_2$分子中的 N----N 之间应当是共价单键,可是实验测定的距离 224 pm 比 N—N 共价单键值 150 pm 大得多。为什么这么简单的一个$(NO)_2$二聚分子中两个 N 原子不进一步接近一点,形成较强的 N—N 共价单键,而是保持这么大的距离,只能形成次级键呢?迄今化学家对此还没有给出一个公认合理的答案。

许多学者认为 21 世纪是生命科学的世纪。可以肯定地预见到,未来的化学将会更加着重于对生命科学的研究。化学和生物学将更密切地融合在一起。未来化学在对生命过程的研究中,应当思考下列三个方面的问题:

(1) 前辈化学家是依靠什么取得了巨大的成绩和贡献,现在应当怎样继承和发展前辈化学家的探索精神和思路?

（2）化学发展到今天的水平，对研究复杂的生命过程，正碰上了"用牛刀宰牛"的好时机，应怎样发挥化学家的所长？

（3）在生命科学的汪洋大海中，怎样找到准确的切入点，突破其中的关键？

9.2.2 "化学是什么"和"生命是什么"的关联

1943年，薛定谔的著作《生命是什么——活细胞的物理学观》出版，他对生命本质问题作了深入思考，提出生命细胞最基本的成分——染色体结构是非周期性有序物质。在薛定谔的启发下，1953年J.沃森和F.克里克发表了DNA的双螺旋结构，如本书3.4.5节所述。DNA螺旋轴上的碱基排列遵循碱基间生成氢键互补配对，相互连接。即腺嘌呤（A）和胸腺嘧啶（T）、鸟嘌呤（G）和胞嘧啶（C）四种碱基分别在DNA长链中按照

$$A⋮T \quad 和 \quad G⋮C$$

的氢键结合形式配对，这使双螺旋链中一条链上的顺序决定另一条链上的顺序，形成互补的对称性。这种双链内部两条链之间的氢键结合决定了生物体遗传信息的传递。

氢键比共价键弱，当螺旋双链受周围环境影响分裂成两条独立的单链，分离的两条单链上的碱基会分别在周围环境中寻找能配对的碱基，仍按

$$A⋮T \quad 和 \quad G⋮C$$

的结合形式互补配对，分别形成两条 DNA 双链，它们的排列次序和原来的双链螺旋结构相同。这种双链分离后，两条单链重新寻找相应的碱基结合成两条相同双链的化学反应，在生物体内延续进行，成为生物体中上一代的结构和性能传递给下一代的遗传作用的基础。正如我国民间的顺口溜中所说："龙生龙，凤生凤，老鼠生来会打洞。"

　　基因是具有遗传效应的 DNA 片段，每个基因平均大约由 1 万个碱基对组成。基因通过上述复制方式传递遗传信息。基因是掌控遗传的因子，在染色体中有确定的位置。DNA 的结构帮助人们了解碱基对如何组成基因，每个基因的功能、基因如何相互影响以及控制人的生命过程。2005 年生物化学家已完成人体细胞核染色体的 DNA 中 31.647 亿个碱基对的排列顺序，确定染色体上基因的分布，得到人体基因的遗传信息。

　　生物化学和分子生物学名义上分属化学和生物学两个学科，但在学科内容的实质上并没有差别。人体中每一秒都进行成千上万种各式各样的化学反应：使得一些化合物发生分解，而另一些化合物被合成，通过这些化学反应释放出能量，使原有化合物转化成新化合物。正是这种不停顿的化学反应信息，转变为生物体中不停地进行着的生物活动的信息。

　　人类 DNA 双链非常长，约有 31 亿多个碱基对，依靠这些碱基对在 DNA 双链中的排列次序以及所形成的基因，控制着人体中不断进行着的生物化学反应。首先生成人体所需的 20 种氨基酸，接着依靠这些氨基酸的缩合反应生成人体各个器官所需的蛋白质。DNA 中碱基对的连接次序的信息，进一步调控蛋白质之间、基因之间以及蛋白质和基因之间的关系，使它发育成细胞，再组织成器官。

在世代遗传过程中，生物体的遗传信息即基因既保持高度的稳定性，同时又会产生突变，出现进化。

信息是客观世界一切事物变化及其特征的反映，是事物之间相互联系的表征。化学信息不是物质，也不是能量，但是信息-物质-能量三者鼎立地存在、相互制约地联系在一起。化学信息指明化学物质在一定条件下发生化学反应，使原子间的化学键沿着特定的化学反应途径变化，出现新的结构和功能的化合物。信息是化学科学的重要内容。例如，一个成年人体重为 60 千克，他的 DNA 大约为 6×10^{-12} 克。DNA 只占人体重量的亿亿分之一。

$$6 \times 10^{-12} \text{ g}/(60 \times 1000 \text{ g}) = 10^{-16}$$

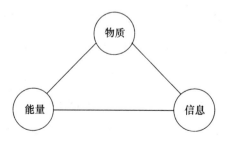

DNA 的含量如此之少，在生命过程中由它引起的能量变化微乎其微，但它却包含着生命的发育和成长的全部信息，成为生物体出现各种活动和演变的源头。遗传是生物体的一种最重要的本质特性，没有遗传就没有生命，遗传的实质就是信息的传递作用。

可以预见，由分子生物学、物理学、数学和化学等学科共同推进并建立起生命物质的信息科学，在未来的生命科学和化学的发展中，将会起着关键的作用，成为主流的研究方向之一。

2015 年底，由中国科学技术协会主办的点赞 2015 中国科学传播大会上，笔者被邀请发言。在这次发言的内容中，有一段笔者以自己身体为例，将化学和生物学联系起来：

　　我常把自己的身体看作一个非常复杂的生物化学反应器：65 千克的体重，若近似地按其中包含的主要元素氢、氧、碳、氮等原子，估算它的加权平均原子量为 6.5，我的身体中原子数目为 1 万摩［尔］，即是由 6000 亿亿亿个原子组成的反应器。它经历了 85 年的运转，至今还基本正常，两个月前的体检报告表明，几十项的检查结果的数据都在正常范围，没有出现一个偏高或偏低的小箭头。分析其原因，是我得益于毕生从事化学教学和科研工作。首先，我以化学的科学原理指导我日常的生活，例如，我一生从小到老没有抽过一支烟。其次，了解人的精神状态会影响人体激素等化学物质的分泌。我对日常生活中碰到的困难和问题,能够以坦荡的心态去处理,好的心态维护着健康的身体。我 60 岁生日时,好友们送给我一幅诗画,诗的最后两句是"生涯坦荡东风里,三千桃李一家春",我常以此勉励自己。第三,药物化学的发展为我们提供保健治病的良药,我每天吃一小片降压药,我的血压就能保持在正常的状态。化学科学使我这个 65 千克的生物化学反应器至今仍能不停地正常运转。

化学是什么?化学是自然科学的基础学科,它是和数学、物理学、生物学等一起,共同探讨原子和分子领域的科学。

9.2.3　测定细胞中蛋白质的原位结构

生命的基本单位是细胞,它由蛋白质及其复合物以及水、盐等许多生命分子组成。细胞是很复杂的单位,在实际存在的环境中,生命分子的结构怎么样?它是怎样在生活过程中变化的?

X 射线晶体衍射技术和核磁共振波谱(NMR)法,测定了大量蛋白质及其复合物(包括蛋白质-蛋白质复合物、蛋白质-核酸复合物)等生命分子的三维空间结构。在测定结构时,先从细胞中取出蛋白质和核酸分子,将它们结合成复合体再测定,所得的结构称为离体蛋白质和复合物的结构,根据结构推测它们在细胞中的功能。

　　冷冻电子显微镜技术是新发展的一种方法,将在溶液中的细胞样品用液氮快速冷冻形成非常薄的玻璃态冰层,细胞样品保持原来状态。由于冷却快速,溶液冻成无序的冰层,细胞中的生物分子处于原始的结构状态,从电镜照片上实际看到的是一个三维物体的二维投影图,这时通过数学方法,将多张倾角略有不同的照片结合起来,显示出三维的生物分子面貌。由于电镜照相速度很快,可以观察到相隔一定时间生物分子面貌的变化。根据这些信息可以了解细胞内部原位上蛋白质复合体的结构及其相互作用,了解细胞内部各个位置是什么分子,它怎样发挥生物功能,从而在原子分辨率水平上描述细胞的生理过程,了解蛋白质分子的功能以及发生的生物化学反应。[①]

　　对比上述三种测定细胞中蛋白质及其复合体结构的方法,可见:NMR 局限在分子范围,即一个蛋白质分子的结构,由于它是在溶液中测定,所得结果和细胞内分子的状态相近。X 射线衍射法测定蛋白质分子及其复合物的高分辨率结构,能细致地了解分子的构型、构象及周边的环境,但它需要获得纯净的晶体。冷冻电子显微技术可以观察到从分子到细胞的较低分辨率结构,涵盖范围大,可看到从反应开始各个阶段的形象,了解反

————————

① 冷冻电镜技术请参看李治非和高宁的文章,大学化学,第 33 卷第 1 期(2018)。

应过程,应用范围广。

将上述三种方法结合在一起,可以获得细胞中生物大分子的分布以及不同时间细胞生理状态的变化。

9.2.4 化学合成生物学

1826年,德国化学家维勒(Wöhler,1800—1882)在实验室中从无机物人工合成了有机物——尿素,是有机化学发展过程中的一个大进展,打破了无机物和有机物的绝对界限,动摇了当时束缚人们思想的"生命力论"的基础。

时隔不到二百年,化学家在实验室中合成了自然界本不存在的生物体,它和其他生物体一样,可以繁殖、生长,出现了化学合成生物学。现在的合成水平还只限于对已经存在的微生物进行基因水平的改造,从而形成新的、改造过的地球上原不存在的生物体。虽然它和合成一个完整的生物体还有遥远的距离,但它让人们的认识提高了一大步,诞生了化学科学的新领域。

化学合成生物学的产生和发展有两个方面的因素:

(1) 从化学角度来理解这些自然界原本不存在的合成分子或多分子生物系统,可以通过化学的方法合成新的微生物物种,用以生产氢气和甲烷等气体能源或用来制造某些难以合成的药物或酶的新的微生物。

(2) 从生物学的角度帮助人们解决大自然在进化中选择的

途径和方式。例如通过了解组成我们生命的"少数"蛋白质为什么被选出来组成生物体,更好地理解生命的产生和进化,在分子水平上了解生物进化的规律。

9.3　水在大脑记忆功能中的作用

本节的内容是笔者根据结构化学原理提出的一种设想,用以表达像大脑记忆这种极细致的生理活动也和化学密切相关的观点。

一位 80 岁的老人对 70 年前发生的一些事和当时的一些情景依然清楚地记得,可见大脑中存储的信息能保留几十年甚至上百年的时间。人在漫长的生活过程中,看到许多景象、品尝过许多食物、和家人及朋友进行过不计其数的对话交流、读过许多书籍报刊、游玩过很多地方的山水名胜,这种种的经历情景都在大脑中存储起来。大脑存储的信息量非常非常多。

人的大脑按质量计,水占 80% 以上。这是人的生物进化以及人的成长过程中,为了储藏记忆信息的需要,大量地吸收水分子参加的结果。水在大脑存储记忆信息中起着重要的作用。探索水在大脑中的结构和功能以及它对存储信息记忆的作用,了解其化学本质和基础,是未来化学的一个重要内容。

大量地存在于大脑中的水,除了简单的作为溶剂的功能外,还将参与组成大脑记忆功能的神经器官。

大脑中有几千亿个神经元,每个神经元中有许多突触,突触中含有大量极性基团,如—NH₂、—COOH、—OH 等。水和神经元中的极性基团通过 N—H···O、O—H···N 和 O—H···O 等氢键以及其他次级键组成比较稳定的结构单元,它既能保护神经元免受其他化学物种的干扰,又具有特殊的功能,传递信息、保存信息,将信息通过微小的化学变化稳定地储存起来,实现大脑的记忆功能。

纯水中最稳定的一种超分子结构形式是水分子通过氢键构成多面体,其中由 20 个 H_2O 分子组成的五角十二面体最为稳定。因为它的五边形面中两条边的夹角为 108°,很适合 H_2O 分子中 H 原子和孤对电子在空间按四面体形的分布。图 9.3.1 示出由 20 个 H_2O 分子组成的五角十二面体。

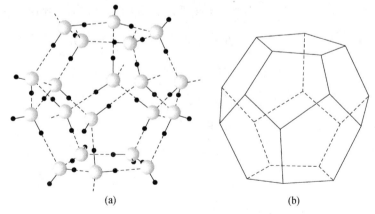

(a)   (b)

图 9.3.1　由 20 个 H_2O 分子组成的五角十二面体

除五角十二面体外，较稳定的多面体还有由 24 个 H_2O 分子组成的十四面体。五角十二面体可以和十四面体等多面体共面连接成一维长链或二维平面层型结构或三维骨架型结构。图 9.3.2 示出由五角十二面体和十四面体按 1∶3 的比例共面连接形成的三维骨架结构。在这个结构中每个多面体的中心放一个甲烷（CH_4）分子，就是可燃冰的结构，每个立方晶胞中含 $46H_2O·8CH_4$。

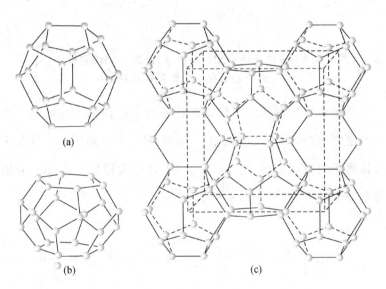

图 9.3.2　由五角十二面体和十四面体共同组成的三维骨架结构
（a）五角十二面体，（b）十四面体，（c）三维骨架

神经元中的极性基团，可和水分子共同组成多面体。图 9.3.3（a）示出神经元中的—NH_2 基团代替 H_2O 分子组成的多

面体。图 9.3.3(b)示出神经元中的—$\overset{+}{N}H_3$ 基团替代 H_2O 分子组成的多面体。两者在氨基和水分子间形成的氢键上略有差异。

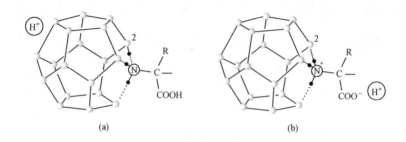

(a)   (b)

**图 9.3.3　极性基团—NH_2 替换水(a)和—$\overset{+}{N}H_3$ 置换水(b)
形成的五角十二面体的结构**

　　氢键体系的形成对于信息的传递有重要作用。在电化学实验测定离子淌度时,H^+(或 H_3O^+)和 OH^- 两种离子的淌度要比其他离子的淌度大得多。物理化学家常用氢键体系内原子的接力模型来理解,如图 9.3.4 所示。

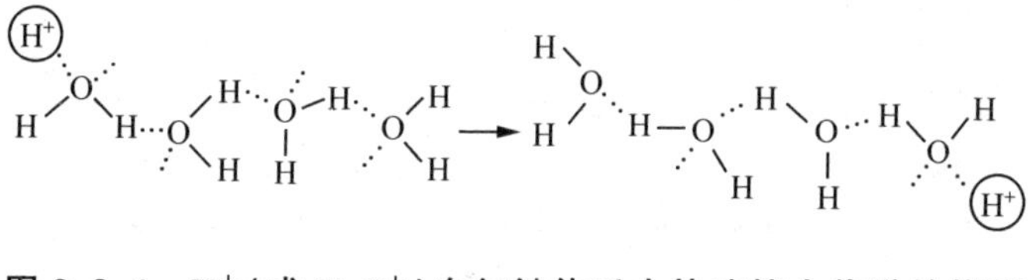

图 9.3.4　H^+(或 H_3O^+)在氢键体系中快速接力传递的模型

　　从图 9.3.3 示出的两种状态对于通过氢键接力传递 H^+ 的能力会有不同,而且由于这种结构的稳定性也是人脑记忆的一种结构方式。图 9.3.3(a)的结构,具有向神经元传递信息的功能。当受到从左边来的 H^+ 的信息,传递到氢键 $O_{(2)}$—H…N 时,H 脱离 $O_{(2)}$,靠近 N 原子,形成 $O_{(2)}$…H—N 氢键,即这个过程使—NH_2 基团变为—$\overset{+}{N}H_3$,进一步使—COOH 变为—COO^- 和 H^+,如图 9.3.3(b)所示。图(b)所示的结构是一种相对稳定的结构。当形成这种结构以后,由于—$\overset{+}{N}H_3$ 已不能再接受 H^+,即不能再具有从左向右传递 H^+ 的能力,它只有单向地从右向左传递 H^+ 的功能。当右边的神经元得到了 H^+ 的信息,H^+ 和—COO^- 结合,—$\overset{+}{N}H_3$ 基团和 $O_{(2)}$ 构成的 $O_{(2)}$…H—N 氢键又可以逆向传递方式形成 $O_{(2)}$—H…N 氢键,即恢复到图(a)所示的状态。这两种状态就像电脑中芯片的一个元件,由"0"和"1"表示的两种状态。电脑依靠元件的组装形成芯片,再进一步经过多种功能的微电子技术构成。人脑中传递 H^+ 的氢键体系元件体积更小,O—H…N 的键长通常只有 0.27 纳米,通过奇妙的组织,形成性能极高的大脑,指挥人体的生理活动。

水分子通过氢键结合成多种多面体,多面体之间可以共用棱边和面连接成数以亿计的多面体组成的骨架结构,结构型式取决于神经突等基团的大小和构型,使多面体骨架结构和神经突等基团进入骨架结构的孔穴之中,并和周边的水分子形成氢键体系,稳定地存在于骨架结构内部。由于水的多面体骨架和神经突等基团选择了合适的几何构型,形成稳定的氢键体系,构成大脑记忆的结构基础。

骨架的结构方式和数目是无限的,可以储存大量的记忆信息,而且这种结构受到干扰的因素很少,能稳定地存在。例如图 9.3.2 所示的可燃冰的结构,能在海洋中按地质年代计存在于海底。人体中围绕神经元组成的骨架,若不受外界强烈的干扰,会稳定地存在,根据记忆的需要调取信息和删改信息。

未来的化学将和生物学以及信息工程学等融合在一起,探索大脑具有记忆和指挥各种生理活动功能的奥秘。

人体存在着经络,中医根据经络的分布和穴位绘制图形,进行针灸按摩,为千百万人治愈疾病。经络的存在经过千百万人实践所验证,但人体的解剖,至今尚未找到相关的组织。经络是摆在当今医学界面前的一大课题。笔者认为,人体经络和上述水的多面体结构密切相关,是水的多面体连接形成的网络和人体中各个组织器官相互联系,并能通过结构的微小改变传递有关信息的结果。关于水分子组成的多面体网络的结构,至今尚未找到有效的方法去探测阐明,它是未来化学需要关注的内容。

回顾近一个世纪以来,生命科学中的许多重大进展是在生物物质的结构得到阐明以后产生的。蛋白质的一级结构、二级结构、三级结构和四级结构通过 X 射线衍射法阐明后,出现了分子生物学,为在原子、分子水平上阐明生命中的许多作用奠定了基础。DNA 双螺旋结构的阐明,让遗传学和基因等生命的基本问题得到了解决。现在大脑的记忆和经络作用的化学结构正有待未来化学去解决。

未来的化学是什么，它是和生命科学一起研究解决上述问题的科学。

9.4 研究宇宙的演变

9.4.1 人们对宇宙的认识

2010 年，美国天文学家庆贺哈勃望远镜升空工作 20 周年，展示这 20 年间由这个望远镜所取得的巨大成果和经历的各种困难。

哈勃望远镜是天文学、物理学和化学等学科发展的结晶，它的主要设备实质上是化学光谱分析实验室的一部分。该望远镜距离地面约 600 千米，由地面的工作站进行操作，发出指令，指挥望远镜收集太空中各个星系射向地球的辐射，传送到地面，由工作站的人员对收集的信息进行处理、分析和研究。

哈勃望远镜在 20 多年中观察到距离地球约 150 亿光年内空间中的星系和各种天体景象，收集到极为丰富的信息和图像。根据这些观察所得的资料以及天文学家长期以来对宇宙天体的研究成果，人们对宇宙的认识已取得很大的进展。下面列举一些相关内容：

（1）宇宙由上千亿个各种类型的星系组成，每个星系有许多恒星。地球所处的银河星系约有 2000 亿个像太阳那样能发光的恒星。有人估计宇宙中恒星的数目为 7×10^{22} 个，即 700 万亿亿个。太阳这个恒星的周围有八大行星以及矮行星、彗星和其他小天体等围绕着它运行。有的行星，如土星在其周围有多个卫星围绕它运转，地球只有一个卫星，它就是月亮。

我国民间常流传这样一句谚语："天上一颗星，地上一个人"，认为地球上几十亿个人每人都对应着天上的一颗星星。由于人口数目和星星数目相比实在太少了，有人改用地球上存在的砂粒数目和天上恒星的数目相比，两者数目相近，这种比较更接近实际。

（2）在上千亿个星系的中心，都有质量极大的黑洞，有人认为它是能吸收光和各种物质的天体。在广大宇宙空间还存在着许多暗物质和暗能量。在宇宙的物质组成中，由质子、中子和电子组成的原子所形成的普通物质约占 4.4%，非原子形态的暗物质约占 23%，而人们至今仍一无所知的暗能量约占 73%。

（3）宇宙处在永恒的运动状态，时刻都在发生变化。这些变化中观测到发生辐射的爆炸规模有大有小；星系间相互作用引发的爆炸是大范围的爆炸；星系内形成恒星的爆炸属于中等规模爆炸；恒星内部爆炸发射出辐射，爆炸局限在恒星内部，属小规模爆炸。太阳系的形成发生在 50 亿年前，是在银河系内部的爆炸。太阳系有诞生之时，也就有消亡之日。据估计太阳的寿命还约有 50 亿年。

太阳爆炸发光，很少一部分照到大地，成为地球上人们生长所需的能量，人们歌颂它："万物生长靠太阳。"太阳的这种爆炸在宇宙中是小规模爆炸的一个。另一方面，在宇宙中像太阳这样不停地爆炸的星球数目大约和地球上砂粒的数目相当。

（4）宇宙中的各种变化以及天体星球的运动都存在着"向内收缩"的引力和"向外扩张"的斥力。宇宙中各种形式的爆炸就是剧烈斥力的表现。万有引力是人们已经可以用数学公式计算表达星体间相互吸引作用的力量，据此计算天体运行的规律，准确可靠。而向外扩张的"万有斥力"究竟和哪些因素有关，怎样进行计算等还不清楚，有待人们去探索。两种力量的作用同时存在，使宇宙中星体的运动和发生的变化永远没有终结。

在探索研究宇宙无穷尽的演变中，天文学、物理学和化学融合在一起，作出了巨大的贡献。例如：① 制造哈勃望远镜关键的部件透镜时，化学家要精确地配料达到期望的组成，并均匀熔合、退火、冷却、分析最后成品的组成和性质。② 根据恒星辐射的光谱了解星体物质的组成，如人们现在已经知道太阳由哪些原子组成、月球以及其他行星表面物质的化学成分等。③ 各种辐射所对应的变化机理，如光谱中的每条谱线是由什么原子从哪个能级向哪个能级跃迁产生。

2017 年 10 月哈勃望远镜已坠入地球大气层,烟消云散。人们正在根据近几十年来科学技术发展所得的成果,以及对宇宙认识水平的提高,制造比哈勃望远镜更好的探测宇宙的仪器。2017 年在我国贵州装置的 500 米口径球面射电望远镜就是其中之一。

9.4.2 宇宙创生大爆炸理论可信否

1. 大爆炸理论对宇宙创生的描述

关于宇宙的形成提出过许多理论,目前流行的主要是大爆炸理论,它于 1948 年由伽莫夫提出,以后经其他一些学者加以论证,具体地描述大爆炸的情景。对该理论在不同的文献中表述不完全相同,以下从参考文献[19]~[21]所描述的内容摘录出来:宇宙诞生于距今 137 亿年前。那时的宇宙占据一个极小的空间(小到直径为 1.6×10^{-35} m),凝聚了极大的能量,密度高达 10^{93} kg·m^{-3},温度高达 10^{32} K。宇宙诞生时间由爆炸发生时 10^{-43} 秒开始计算。

时间到达 10^{-6} 秒,温度降为 10^{14} K。

时间到达 10^{-2} 秒,温度降为 10^{12} K。

时间到达 1~10 秒,温度降为 10^{10} K,这时出现中子、质子、电子、光子等组成的等离子体。

时间到达 3 分钟,温度降低到 10^9 K,质子、中子、电子等发生相互熔合的核反应,产生氢和氦等原子核,宇宙直径膨胀到约 1 光年。

时间到达半小时,温度降低到 10^8 K,轻原子核已逐渐形成,但数量最多的是光子。

时间到达 1 千～2 千年,温度降至 10^5 K,物质密度大于辐射密度。

时间到达 10 万～100 万年,温度降至 5000～300 K,原子形成,但只能产生较轻元素,较重元素要在星系和恒星形成后在其内部形成,超过铁的更重元素则是在星系碰撞爆发或超新星爆发中形成。宇宙变得透明。

时间到达 1 亿年,辐射温度降至 100 K,星系开始形成。

时间到达 10 亿年,辐射温度降至 12 K,恒星、行星、类星体和生命开始出现。

时间到达 100 亿年,辐射温度降至 3 K,太空逐渐形成我们今天所观察到的情景。

2. 对大爆炸理论的评价

大爆炸理论对宇宙的形成作了详细的描述,特别是爆炸后的 3 分钟,作了非常具体的分析。这个理论发表后,有的学者持不同意见,他们不赞成将宇宙的创生过程描绘过细。他们认为,与宇宙的古老和广阔深遂相比,人类的文明史不过 5000 年,现在对物质的结构和相互作用的认识还差得很远,因而对宇宙早期处在极高温状态作详尽的描述是靠不住的。

另一部分人认为,宇宙大爆炸模型能较多而且较好地解析现时对宇宙观察到的许多事实。这个模型将宇宙膨胀论推向一个新的高度,成为目前影响最大的宇宙学说。

近年我国学者纷纷写文章和著书对大爆炸理论加以介绍。从中学的化学教科书到科技专著都有这方面的内容。主要供青少年参观、进行科学普及的中国科学技术馆中也有专门介绍宇宙创生大爆炸的音像图景展室,播放影片解说大爆炸的过程。

3. 宇宙创生大爆炸不可信

作为一名化学家,笔者从事的化学研究内容与宇宙创生大爆炸理论不在同一学科,隔行如隔山,但由于学科的相互渗透、融合和协作,化学和物理学在许多方面有着密切的关系。化学的研究必须严格遵循所用到的物理学定律。例如,化学反应的研究必须遵循质量守恒和能量守恒定律,包括 $E=mc^2$ 联系的质能关系,它们是研究物质发生化学反应进行转化的理论基础,也是化学家和物理学家通过长期的实验共同建立起来的基本定律。又如,化学热力学这个化学的分支学科,是将物理学中的热力学四大定律应用于实际的化学反应过程而建立起来的,这四大定律是这个学科的理论基础。

化学在发展进程中也经常和物理学一起纠正一些错误观点而前进。例如,根据熵增加定理:即在一个孤立体系中的自发过程都是熵增加过程。热寂说将宇宙看作一个孤立体系，热量不断自发地通过辐射和传导从高温物体流向低温物体，最终宇宙将达到各处的温度都一样的状态，那时宇宙的熵将达到最大，处在静止的平衡状态，宇宙就不会发生变化，即宇宙热寂了。化学和物理学纠正了热寂说夸大定理的应用条件的错误，又健康地向前发展。

　　宇宙创生大爆炸理论中最不可信的一点是爆炸的起始态是怎么形成的。爆炸发生后能以秒计列出各个时间段宇宙的大小、温度、组成等内容，试问爆炸前几分钟宇宙是否存在？是否处在极小的体积、极高的温度的状态？为什么那时不发生爆炸呢？起爆前这些物质从何而来？计算爆炸时的起始态宇宙的大小、密度和温度的公式真的正确适用吗？

　　赞同宇宙创生大爆炸理论的观点是："数学上的结论是空间-物质-时间都是同时产生的。""时间和宇宙一同开始，所以在这点之前不存在'以前'。""提出爆炸前的任何问题都是没有意义的。"作为一名化学工作者，笔者虽然对宇宙学是门外汉，但是笔者根据迄今已得到的各种自然规律，认为真正没有意义和价值的是那个超出了适用范围和适用条件的数学上的推论。

　　按宇宙创生大爆炸模型所描述的大爆炸过程，在爆炸开始后的 3 分钟，宇宙的直径膨胀到了 1 光年。由此，人们可以算得这时宇宙前沿的"东西"（这里不用通常所说的物质），在爆炸开始 3

分钟后和爆炸中心的距离,光要走半年。这"东西"不仅能克服巨大的万有引力的吸引,而且能以极高速度离开爆炸中心向外膨胀运动,它的平均运动速度是光速的 87600 倍,即

$$\frac{1}{2} \times \frac{365 \times 24 \times 60}{3} = 87600$$

式中: $\frac{1}{2}$ 指半个光年, $365 \times 24 \times 60$ 指 1 光年时间有几分钟的数目,分母 3 指爆炸后的 3 分钟。现在天文学家都是按照恒星爆炸时发出的光向外传播的速度了解恒星间的距离,还没有发现超过光速的物质,更没有发现超过 87600 倍光速的天文现象。宇宙创生大爆炸模型可信吗?

中国科学技术馆对宇宙创生大爆炸作了形象的对比:盘古用一把大斧开天辟地,将混沌世界分为上天和大地;"神"用 7 天时间创造了世界。展馆中用具体图像说明这两种观点只是人们早期对宇宙形成的一种想象,它们并不是科学,是不可信的。那么宇宙创生大爆炸发生前是不是"超神"用它的神手紧紧地捧住宇宙不让它爆炸呢? 这个理论无视现有的自然规律,只以个人的想象外推。笔者呼吁将这些描述宇宙创生大爆炸的理论和图像从中国科学技术馆以及化学教科书中删去。

从哈勃望远镜看到发生在太空中近期、几万年前、几亿年前和 100 多亿年前宇宙中各处所发生的爆炸,说明宇宙永不停顿地在演变着。爆炸的图像辉煌美丽、恢宏神奇,多么令人向往!

多么希望天文学家、物理学家和化学家一起探究其奥秘!

宇宙永远无止境地演变着,在已观察到的相距 150 亿光年的星系之间,不可能聚集在一起出现创生大爆炸中描述的体积极小、温度极高的起始态。宇宙和单个恒星不一样,它是不会死亡的,当然也就不会有诞生和宇宙创生大爆炸。

对未来化学而言,宇宙中发现的暗物质、暗能量以及处在太空中的星体和有机分子等等,它们是怎样形成的,它们具有什么样的性质,人们怎样去研究和利用它们? 这些问题正期待化学家和物理学家探索出新的方法和新的谱学分析方法去研究。

9.5　开拓可持续发展的研究

可持续发展和化学密切相关。化学变化一般是不可逆的,是将一类物质转变为另一类物质。例如,煤和氧气通过燃烧的化学变化是剧烈的氧化反应,它形成二氧化碳和水,并获得热能。但是将二氧化碳和水变成煤则需要漫长的地质年代,经过几百万年到上亿年的复杂变化才形成煤。靠烧煤得到能量总会"坐吃山空",存在自然资源日益短缺、不能持续发展的问题。

为了人类社会稳定地可持续发展,联合国指定世界环境与发展委员会对此进行重点研究,于 1987 年发表了题为《我们共同的未来》的研究报告。它首次提出了可持续发展的定义："既满足当代人的需求又不危及后代人满足其需求的发展。"这个定义蕴含着两层意思：一是人类为了满足自己的需要而必须发展，二是当代人的发展以不危及后代人的发展为限度。

"可持续发展"的提出是人类认识的一次飞跃，是科学发展观的重要内容，是为建立人、自然、社会和谐系统，实现人力资源、自然资源、生态环境、经济和社会诸方面的协调发展。可持续发展的理念在短短几年间风靡全世界，深入人心，因为它是人类安全前途的唯一选择。

要实现可持续发展，给化学提出了许多机遇和挑战，提出了许多刻不容缓、亟待解决的问题，成为未来化学发展的指路明灯。可持续发展不是消极过程，而是促进科技高度发展、多方渗透，它的核心是化学，因为它决定着全过程的物质基础。社会的需求和人类认识的提高，将迫使化学进行以可持续发展为导向的创新研究。

可持续发展密切地和低碳、绿色、环保等发展的新理念相联系，而这些理念的核心是化学，可以明确地表达为低碳化学、绿色化学和环保化学。以能源化学为例，随着化石能源的应用和枯竭，人们常将 19 世纪称为煤炭、柴薪世纪，20 世纪称为石油世纪，21 世纪称为后石油世纪，22 世纪及其以后称为新能源（太阳能、风能、核聚变能）世纪。其中 21 世纪是能源转型的世纪,即石油将消耗完而退出能源舞台,煤转化为液态燃料用于交通需要(航空、汽车、火车)在经济上很难达到要求;由煤直接燃烧或用以发电作为能源主角又和低碳、绿色、环保等新理念相悖。新能源在 21 世纪是大发展的世纪,估计到 21 世纪后半叶才会成为主角,不能称 21 世纪为新能源世纪,而是在本世纪逐渐实现微排能源,即在能源生产过程中,能够实现微量排放二氧化碳和其他氮氧化物和硫氧化物,微量排放粉尘,微量排放垃圾和废水,将低碳化学、绿色化学和环境化学融合在一起,创造出一个人类舒适宜居的新环境。可见,单从能源来分析,未来化学要以可持续发展作为思考问题的中心,和其他学科融合在一起开拓可持续发展的研究。

徐光宪教授曾提出,21 世纪的化学发展趋势有"五多":

(1) 多学科交叉。 化学不仅在化学内部各个学科之间交叉发展,它还和生命科学、电子科学、纳米科学、材料科学、能源科学等多个学科之间交叉发展。

(2) 多层次发展。 化学不会满足于合成、制造新的化合物,还要向分子以上多层次发展,如制造分子器件、分子机器等。

(3) 多尺度分布。 化学科学不断深入地调控产品颗粒的大小尺寸和形貌,改变物质的性能,例如控制纳米尺度的石墨烯,使它显示出和石墨性质不同的新材料和新发展领域。

(4) 多整合生产。 将各类化合物的特异结构和性质结合在一起,例如将化合物中的刚性部分和柔性部分结合起来,制成刚柔结合的超强度、超细的纤维,以及多功能的新材料和新器件。

(5)**多方法协作**。将化学研究的分子合成、组装、分离、分析、性能测试相结合,实验和理论并进,利用化学、物理学、信息学等各个学科的多种方法协作联合起来,解决前进中遇到的各种问题。

化学是什么? 化学是一门为社会发展、改善人们的生活创造物质财富的基础科学。要使化学快速发展以适应社会发展的需求,要关注化学发展的"五多"趋势,为我们的生活和我们的未来奠定坚实的物质基础。

参 考 文 献

[1] 赵匡华. 化学通史[M]. 北京:高等教育出版社,1990.

[2] 潘吉星. 谈"化学"一词在中国和日本的由来[M]. 赵匡华. 中国古代化学史研究. 北京:北京大学出版社,1985.

[3] 北京大学化学与分子工程学院. 分子共和国[M]. 北京:知识出版社,2009.

[4] 周公度. 化学辞典[M]. 2版. 北京:化学工业出版社,2011.

[5] 周公度,段连运. 结构化学基础[M]. 5版. 北京:北京大学出版社,2017.

[6] 周公度. 结构和物性:化学原理的应用[M]. 3版. 北京:高等教育出版社,2009.

[7] 周公度. 化学中的多面体[M]. 北京:北京大学出版社,2009.

[8] 吴博任. 能源春秋[M]. 广州:广东科技出版社,2009.

[9] 冯垛生,张淼,赵慧,林丹. 太阳能发电技术与应用[M]. 北京:人民邮电出版社,2009.

[10] 陈德展. 化之道[M]. 济南:山东科学技术出版社,2008.

[11] 李奇,陈光巨. 材料化学[M]. 2版. 北京:高等教育出版社,2010.

［12］吴旦,刘萍,朱红.从化学的角度看世界[M].北京:化学工业出版社,2006.

［13］陈平,廖明义.高分子合成材料[M].2 版.北京:化学工业出版社,2010.

［14］寇元.魅力化学[M].北京:北京大学出版社,2010.

［15］祁嘉义.临床元素化学[M].北京:化学工业出版社,1999.

［16］杨金田,谢德明.生活的化学[M].北京:化学工业出版社,2009.

［17］张爱芸.化学与现代生活[M].郑州:郑州大学出版社,2009.

［18］赵雷洪,竺丽英.生活中的化学[M].杭州:浙江大学出版社,2009.

［19］刘金寿.现代科学技术概论[M].北京:高等教育出版社,2008.

［20］蔡志东.现代科技概览[M].南京:东南大学出版社,2010.

［21］帕特里克·摩尔,布赖恩·梅,克里斯·林陶特,著.李元,曹军,李鉴,等译.大爆炸:宇宙通史［M].南昌:广西科学技术出版社,2010.

［22］陈亮.人与环境[M].北京:中国环境科学出版社,2009.

［23］"大学化学"编辑部.食品安全与化学专刊[J]."大学化学"第 24 卷第 1 期.2009.

［24］"大学化学"编辑部.化学与人类健康[J]."大学化学"增刊.2010.

［25］ J. H. Warner，F. Schäffel，A. Bachmatiuk，M. H. Rümmeli,等著.付磊,曾梦琪,等译.石墨烯:基础及新兴应用［M］.北京:科学出版社,2015.

［26］P. L. 路易斯,C.恰拉贝利,编著.李爽,王菊芳,等译.化学合成生物学［M］.北京:科学出版社,2013.

［27］张启运,杨萍兰,张蕾.专家想说的健康话题［M］.广州:广东科学技术出版社,2017.

［28］马淑霞,尚论聪.中国医学文化博览［M］.北京:外文出版社,2010.

［29］周公度,王颖霞.元素周期表和元素知识集萃［M］.2 版.北京:化学工业出版社,2018.

第 1 版后记

2009 年,笔者为纪念北京大学出版社恢复建制 30 年写了一篇祝贺文章《沟通合作出好书》。在此文中我将先哲为鼓励读者勤奋刻苦学习所写的对联改了一个字,以"乐"换"苦":

书山有路勤为径
学海无涯乐作舟

送给读者,盼望读者乐意地、主动地、自觉地在学海中泛舟,学而思之,探讨各个方面的问题"是什么"。最近我拜读杨辛教授著的《美伴人生》一书中的独字书法,欣赏他写的"乐"字。他认为乐是表现一种对待人生和事业的境界。正如孔子所说:"知之者不如好之者,好之者不如乐之者。"

化学关系到国计民生和每个人的生活。希望读者通过阅读本书能提高对化学的认识,了解化学是什么,从恐惧化学变为乐于和化学结缘,乐于学习化学,乐于思考涉及化学的各种问题。

2011 年是联合国确定的国际化学年(International Year of Chemistry),以纪念化学学科所取得的成就以及对人类文明的贡

献。国际化学年的主题是"我们的生活，我们的未来"。设立国
际化学年的目的在于提高公众对化学的认识，增加公众对化学
的欣赏和了解，提高年轻人对化学的兴趣，培养对化学未来发展
的热情，彰显化学对知识进步、环境保护和经济发展的重要贡
献。本书可望在 2011 年春面世，笔者高兴地将它看作一粒种子，
携它参加国际化学年的活动，希望它能为读者正确地认识化学
和乐意地从事化学工作提供一点启迪。衷心希望读者指出本书
的不足、不妥和不正确之处，以便本书在重印和再版时提高质
量，成为读者乐意阅读的一本书。

　　在本书出版之际，笔者深切地感谢北京大学化学学院的同
人长期对我的关怀和帮助。感谢中山大学施开良教授审阅本书
书稿，并提供宝贵意见。感谢本书的策划编辑杨书澜女士和责
任编辑魏冬峰博士细致的编辑工作。

周公度

2010 年 12 月于

北京大学中关园

索　引